见招拆招

龙飞◎著

人民东方出版传媒
People's Oriental Publishing & Media
東方出版社
The Oriental Press

图书在版编目（CIP）数据

破局：见招拆招 / 龙飞著 . -- 北京：东方出版社，2025.9. --ISBN 978-7-5207-3375-5

Ⅰ. B804-49

中国国家版本馆 CIP 数据核字第 2025TK2874 号

破局：见招拆招

POJU: JIANZHAO CHAIZHAO

作　　者：龙　飞
责任编辑：邢　远
出　　版：东方出版社
发　　行：人民东方出版传媒有限公司
地　　址：北京市东城区朝阳门内大街 166 号
邮　　编：100010
印　　刷：香河县宏润印刷有限公司
版　　次：2025 年 9 月第 1 版
印　　次：2025 年 9 月第 1 次印刷
开　　本：710 毫米 ×1000 毫米　1/16
印　　张：12.5
字　　数：150 千字
书　　号：ISBN 978-7-5207-3375-5
定　　价：68.00 元
发行电话：（010）85924663　85924644　85924641

前言

叔本华曾指出，人生最大的樊笼，就是人的思维意识。这就像困在迷雾中，无法看清前方的道路。而要摆脱这种困境，就需要我们躬身入局，挺膺担当，只有这样，我们才能发现局中的奥秘，从而找到问题的本质。

爱因斯坦也曾指出，某一个层次的问题，很难靠这一层次的思考来解决。这就像在迷宫中迷失方向，我们需要从更高的层次来审视，才能找到出口。只有通过深入思考，洞悉问题本质，我们才能打破常规，到达柳暗花明的新境界。

普通人的困境往往相似，很多人曾经经历过，或者说正在经历。什么是普通人的困境？比如说，自己没有好的家庭背景，也没有好的人脉资源，更令人绝望的是自己资质也一般。在这种情况下，我们该如何实现人生的逆袭？如何逃脱命运的安排？

在现实中，我们明明已经够努力了，却还是看不到生活的希望，内心如同陷入迷宫，迷茫而焦虑。

破局分两重境界。第一重境界，叫自救。当你遇到人生的困境、逆境时，能否自救，是衡量破局最基本的能力。第二重境界，叫破局。能不能破局而出，能不能在逆境中翻盘。在顺风顺水的情况下把事情做好，这不叫本事，大多数人都能做到。在逆境中不但能把事情做好，更能力挽狂澜、绝处逢生、逆袭成功的人，才是真正的破局高手。

很多时候，我们抱怨因为自己太笨，能力不足，所以效率低，难以出众……实际上，停滞于多年如一日、薪资原地踏步、生活不见起色的状况，根本原因在于思维定式。所谓思维定式，是指人们在遇到问题或看待一个事物时，会按照习惯的、比较固定的思路去考虑和分析它，表现为在解决问题过程中特定的思维方式。

比如给你两张照片，一张照片上的人帅气英俊、仪表堂堂，另一张照片上的人凶神恶煞、横眉怒目，如果告诉你其中一个是罪犯，相信大多数人都会认为是后者。先前获得的知识、经验、习惯，会让我们形成固定的思维倾向，从而影响后来的分析和判断，形成思维定式。固有的东西是很难被打破的，但正所谓“不破不立”，要想突破自己，就一定要打破固有的、惯性的思维！只有解放了自己的思维，才能够创新！才有希望！

逻辑破局和认知升级是一个人的能力之一，它能够帮助一个人突破限制、拓宽思维边界，并取得更好的成果和成功。通过打破思维定式、培养多元思维、学会系统思维、不断学习和更新认知、跳出舒适区、培养批判性思维、利用创造力解决问题以及培养自我反思的习惯，一个人可以不断提升自身的思维能力、创新能力和适应能力。这有助于在快速变化的社会中应对挑战、抓住机遇，并实现个人的成长和发展。因此，每个人都应该重视思维破局和认知升级，并积极践行这些能力的培养和发展。只有通过不断的努力和实践，我们才能成为一个思维敏捷、具有创新思维和高效思维的个体，为自己的人生赢得更多的可能性和机遇。

编　者

目录

PART1

逻辑破局一：要先具备六大思维

决定人一生的，无非就是自我审视、完善和提高的能力，很多人最容易犯的错误是只会埋头拉车，不会抬头看路，也有很多人舍本逐末，干着杀鸡取卵的事情。很多时候，并不是你不够努力，也不是你不够优秀，而是你缺乏变通的思路，正如作家刘润所说：“普通人改变结果，优秀的人改变原因，而顶级优秀的人改变思维模型。”

真正的高手都有一种舍易求难的本能，因为好走的都是下坡路，会越走越窄；难走的是上坡路，但会越走越宽。

会纵深性看问题

如果说发散性思维追求的是思维的广度，那么，纵深性思维追求的就是思维的深度，纵深性思维是拉开人与人之间距离的重要因素之一。

纵深性思维是一种“透过现象看本质”的能力，能从一般人认为不值得一谈的小事或无须再作进一步探讨的定论中，发现被现象掩盖着的本质。其思维形式的特点为：从现象入手，从一般定论入手使思维向纵深发展。

国王派两位武士去探路。他们在一棵大树下相遇，同时看见树上挂着一块盾牌。一位武士兴奋地说：“这是一块金盾牌，我们要立刻禀告国王！”另一位武士却皱起眉头：“你错了，这分明是银盾牌。”

两人争执不下，声音越来越大。一位路过的老人见状，让他们交换位置再看。当他们互换位置后，惊讶地发现盾牌一面是金色，另一面是银色。两人相视一笑，明白了彼此的局限。

这个故事生动诠释了“纵深性看问题”的重要性。生活中，我们常常像两位武士一样，只看到事物的一面就急于下结论。比如，一位老师发现学生上课不认真，可能认为学生懒惰。但如果深入了解，可能会发现学生是因为家庭变故导致注意力不集中。这时，简单的批评不仅无益，反而可能加重学生的心理负担。

在企业管理中，产品质量问题看似是生产环节的失误，但深入分析可能会发现是供应链管理存在漏洞。例如，某公司在产品出现质量问题后，通过分析根本原因，发现造成产品质量问题的根本原因是生产工艺的缺陷，而非表面的工人操作失误。

纵深性看问题需要我们跳出固有思维，多角度思考。这种思维方式不仅适用于个人生活，在社会治理中也同样重要。比如城市管理，既要有严格的环卫制度，也要考虑与自然环境的和谐，保留落叶打造赏秋景点就是很好的例证。

伯特兰·罗素说："许多人宁愿死，也不愿思考，事实上他们也确实至死都没有思考。"确实，生活中有很多特别勤奋的人，往往并没有取得成功，这就是因为他们的思考没有深度，是"低效勤奋者"。

"低效勤奋者"往往不进行深度思考，也不愿意进行深度思考。这种思考上的懒惰，导致他们工作效率低、事业成长慢。学渣与学霸、普通员工与优秀员工、小老板与大老板之间的差别就在于是否能够进行深度思考。

某销售公司设立了一个近百人的电话销售部门，一开始大家的业绩都差不多，但三个月后，情况开始不同了。有一部分销售人员的业绩一直平平淡淡，没有明显的增长，而另一部分销售人员的业绩却有了大幅度的提升，远远超出了平均水平。一开始公司的管理层以为，这些业绩不好的人是因为电话打得不够多，不够勤奋。于是就给他们硬性规定了每天要打电话的量，可是一个月后，这些人的业绩依然不见起色。经理来到电话销售部，把业绩差的员工和优秀员工的打电话数量与电话录音等资料分析了一下，最后发现造成他们业绩差的原因不是电话打得不够多，而在于提供给他们的那些潜在客户名单。这几个月内，业绩差的员工一直使用的是公司提供的号码单，机械地一个个打过去，没有对这些客户的情况进行深度的思考和总结。而那些业绩突出的员工，会在下班后对白天打过电话的客户进行总结分析，然后挑选出成单率大的客户进行重点跟踪。另外，他们还会自发寻找新的客户，开拓新的渠道。

通过上述案例，我们不难发现，那些业绩不佳的员工，都在“低成长区”奋斗，而那些绩效卓越的员工则选择了“高成长区”。在“高成长区”奋斗虽然会花费更多的时间和精力，但也正因为这些付出，才使他们的能力不断得到提高，业绩也越来越好。

从“低成长区”进入“高成长区”，就是深度思考的进一步升级。人和人之间的智力差距其实很小，最大的差距是来自思维能力。

有的人说话很有深度，问题分析得全面透彻，很多人觉得这是因为他口才好，其实不然，他之所以能说会道，也是因为开了“纵深思维”的“外挂”。

具有深度思考能力的人，凡事都会比常人多想几层，看待问题的角度也往往更深刻，就像下象棋，普通人走一步看一步，高手走一步看三步，国手则是走一步能看十步，这就是思维能力深浅的差异。对企业来说，其管理者如果具有纵深性思维，那么企业就更容易在行业中脱颖而出。

生活中的许多难题其实并不复杂，是因为我们囿于思维之浅，放大了问题的难度。所谓谋定而后动，强调的正是做事前应深思熟虑。

我们不仅要知其然，还要知其所以然，在看待问题时，不妨多问自己几个“为什么”和“会怎样”，尽量去深度思考，去理解问题的本质，只有这样，你才能甄别出那些真正有价值、有营养的东西，做出的决策才能抓住问题的实质。

能逆向看问题

在工作和生活中，我们常常会遇到各种各样的问题和挑战。面对这些问题和挑战，大多数人会按照常规思维去分析和解决，但有时候，逆向思维能带来意想不到的突破和收获。逆向思维，即从相反的角度或不同的视角看待问题，不仅能够帮助我们找到创新的解决方案，还能提升我们的批判性思维和解决问题的能力。

逆向思维是一种打破常规、从相反角度思考问题的方式。它强调跳出固有思维模式，从不同的视角分析问题，从而找到新的解决方案。逆向思维的核心在于“反其道而行之”，即不按常理出牌，而是从问题的反面或对立面入手。

逆向思维要我们克服传统思维中的固有定式。我们常常会因受到已有的认知和经验的限制，而局限于已有的解决方式。但逆向思维要求我们打破这些限制，从不同的角度思考问题。只有放弃传统的思维框架，我们才能够以全新的眼光来解决问题。

逆向思维需要我们换位思考，站在问题的对立面去思考。这样可以帮助我们看到问题的不同层面和维度，找到解决问题的新思路。例如，在解决产品市场推广的难题时，我们可以换位思考，从客户的角度去思考，从他们的需求和痛点出发，来开发创新的营销策略。

逆向思维还可以从反面入手，寻找问题的根源。有时候问题看似很复杂，但本质并不复杂。逆向思维可以帮助我们抓住问题的核心，以解决核心问题为出发点来制定解决方案。例如，一个企业在市场竞争中处于劣势，反向思考可以帮助我们找到企业竞争力不足的原因，进而制订提升企业竞争力的措施。

《道德经》第四十章中提到“反者道之动”，揭示了道的规律和特性。老子认为，万物都存在对立面，而且这些对立面会以循环转化的方式向相反方向演变。他进一步阐述了“有无相生，难易相成，长短相形，高下相倾，音声相和，前后相随”的道理，强调事物之间的对立统一和相互转化。

天地万物，无一不在这深刻规律之下运行。任何事物都具备两面性，一面是显而易见的正面，另一面往往被忽视，却隐藏着决定事物走向的关键。那些能够洞悉全局的人，不仅能敏锐地捕捉到正面的价值，更善于发现反面的潜力，运用逆向思维找到问题的突破口。

以司马光砸缸的故事为例，这一故事深刻体现了逆向思维的魅力。当小伙伴陷入困境时，大家只想到如何从水中救人，司马光却反其道而行之，思考如何让水离开人。这一独特的思维方式，使他在关键时刻找到了解决问题的最佳方法——砸缸。

逆向思维不仅在故事中展现了其威力，同样适用于我们的日常生活。面对问题时，我们不应局限于传统的解决方法，应开阔思路，从反面入手，探索新的解决方案。这样，我们便能更好地应对挑战，找到成功的钥匙。

一群孩子经常在一位老人的家门口嬉戏，他们的喧闹声让老人难以忍受，尽管他多次劝阻，但效果甚微。有一天，老人提出一个条件：“只要你们在我门口玩儿，我就给你们每人一个硬币。”孩子们欣然接受。然而，一周后，老人突然不再赠送硬币，孩子们对此表示愤怒，纷纷抱怨老人吝啬，并宣称以后再也不在这里玩儿了。

这个例子展示了思维转换的力量。面临问题时，我们不妨从不同的角度去思考，往往能发现意想不到的解决方案。正如道家思想所言，“反者道之动”，即事物具有正反两面，处理问题时也可以从正反两个方向进行考虑。

另外，“弱之胜强，柔之胜刚”的道理也在此处得到体现。如果我们采取强硬的对抗方式去解决问题，往往只会两败俱伤。因此，老子主张以柔克刚，认为“弱者道之用”，即柔弱才是道的真正力量所在。

在现实生活中，这种思维模式同样适用。员工与老板之间、夫妻之间，当出现矛盾时，如果能够换位思考，彼此理解对方的立场和感受，那么问题往往能够得到更好的解决。主动示弱、勇于承认错误、敢于面对自己的不足，并采取换位思考的方式处理问题，这是一种更为成熟、理智的思维模式，也是处理者宽广胸怀和人生智慧的体现。

逆向思维，作为一种创新的解决问题方式，能够打破常规，避免陷入固有的思维框架。它要求我们深入思考问题，全面看待事物的两面性，从而找到出奇制胜的解决方案。逆向思维不仅关注有形物质的影响，更重视无形的精神力量。一个有信仰、追求精神和梦想的人，往往能从中汲取更强大的力量。

在处理问题时，“天下难事，必作于易；天下大事，必作于细”的原则同样适用。面对难题，我们应该从容易的地方入手；而处理大事，则需从小处着手。这样，才能逐步积累成功，实现质的飞跃。

逆向思维是一种突破常规的智慧，它能够帮助我们从不同的角度审视问题，找到创新的解决方案。无论是在企业管理、个人生活还是社会问题的解决中，逆向思维都展现出了巨大的潜力。然而，逆向思维并非万能钥匙，需要结合实际情况，灵活运用。通过培养逆向思维能力，我们可以更好地应对复杂多变的挑战，创造更多的可能性。

用发散性思维看问题

人的思维方式往往受路径依赖的影响，这种方式虽然能带来安全感，但同时禁锢了我们的创造力，让我们变得平庸。

思维定式是一把双刃剑，这种思维虽然可以使我们在工作生活中驾轻就熟、高效率地应对方方面面，但是，当遇到那些需要开拓创新的问题时，这种思维方式就会变成“思维枷锁”，会阻碍一个人的创新进步。

某名牌大学，有个男同学智商特别高，数学题没有解不出来的，为此他常常到处炫耀，很是得意。一天，一位女同学拿了一道题来考他：一个聋哑人来到五金店买钉子，对售货员做了这样一个手势：左手一个手指立在柜台上，右手握成拳头敲击这根手指。售货员见状，递给了他一把锤子。聋哑人摆了摆手，又指了指立着的那根手指。这下售货员明白了，原来聋哑人想买的是钉子。聋哑人走后，紧接着又来了一位盲人，他想买一把剪刀，请问：这位盲人该怎么做？

这位男同学听完，伸出了食指和中指比了个剪刀状，说：“盲人肯定会这样做。”

女同学一看乐了，说：“我就知道你会这样说。盲人想买剪刀只需要说‘我想买剪刀’就行了呀！干吗要做手势？”

男同学听完羞愧难当，再也不到处说自己智商高了。

人们常常说那些读书多的人是书呆子，实际上，并不是因为读的书多人就会变“笨”，而是因为他所积累的大量的知识和经验，会在头脑中形成一种思维定式，这种思维定式会束缚人的思维，让人在遇到问题时只会按照固有的思维路径去思考，难以灵活变通。

我们常用“无头苍蝇”来形容苍蝇，因为它没有目标只知道乱飞；蜜蜂则是高智商的代表，因为它们懂数学、会决策，甚至还会共享生活技能，但是，就是这样一个智商高的物种，却在一次实验中输给了苍蝇：

有一位学者将 10 只蜜蜂和 10 只苍蝇一起装进了一只玻璃瓶中，然后将瓶底对准了点着的蜡烛。结果发现，所有的蜜蜂都一股脑地往瓶底飞，不断地撞击瓶底，直到力竭也不改变方向；而苍蝇只用了一两分钟就都从瓶口逃出去了。

蜜蜂的思维模式是“光亮 = 出口”，正因为这种固有的思维模式，它们才没能逃出玻璃瓶，那些苍蝇则完全没有这种定式思维，它们是想往哪里飞就往哪里飞，这个方向行不通就换个方向飞，最终找到瓶口顺利逃生。

罗伯特·西奥迪尼在《影响力》中提到权威原理，也和思维定式有关。权威原理是指：在看待问题时，人们更喜欢听取专家的意见。人们总是相信，那些衣冠楚楚、有着各种头衔和财富的人，可信度更高。一个衣衫褴褛的乞丐看起来比一个西装笔挺的人更容易被视为小偷；一个专家说的话会比一个普通人说的话分量更重；一个开着豪车、住着豪宅的人，其社会地位会更高。这些都是人们局限于既有信息或认识而产生的思维定式。

这种带有主观偏见性的对权威的敬重，有时是很危险的，因为权威也会伪造，也会欺骗。市场上各种通过假冒权威之名、伪造专家身份来骗取人们信任的例子比比皆是。在很多医药广告中，常常会有一个穿着白大褂的所谓的“医生”拿着某款药品向我们推荐，或者是由一个曾在某部影视剧中出演过医生角色的演员代言，厂家通过这样的方式进行权威包装，这样的方式能轻易让人产生信赖感，继而上当受骗。

固有的思维模式是很难打破的，但是正所谓“不破不立”，要想突破自己，就得先打破这些固有的、惯性的思维。

发散性思维是一种保持创造力的基本能力。发散性思维，指的是思维像一束光一样，从点到面、从局部到四周延展。在某一问题的解决过程中，利用发散性思维能够找出多种可能的解决办法，简言之，就是一题多解，一事多想，一物多用。

有位心理学家做过这样一个实验：他在黑板上用粉笔画了一个圆圈，问台下的学生这是什么。台下有大学生和小学生，其中大学生的回答很一致：“这是一个圆。”小学生则给出了各种各样的答案——“足球”“太阳”“救生圈”“奥利奥”……五花八门。这些小学生的答案体现了发散性思维。大学生的答案也许更符合这位心理学家所画的图形，但是和小学生的答案相比，却显得单一，缺乏想象力。

对于大多数成年人来说，由于受以往知识和经验的影响，我们在看待问题时对很多事物的理解往往都抱着习以为常的态度，很少有人会去进行仔细的推敲，因此便造成了思维定式。而那些能够克服这种思维定式的人，往往更容易创造出新的事物，成为强者。

几千年来，下雨时总伴随着雷电现象，却很少有人去深究其中的奥秘，直到富兰克林冒着生命危险用风筝、钥匙和金属片捕捉雷电，给人类带来了对于电的认知突破；鲁班在拔草时，手掌被草划破了，他拿起草仔细观察，发现草叶边缘有很多呈锯齿状的小毛刺，他因此受到启发，发明了锯；伽利略也正是顶着亚里士多德传统理论的巨大压力证实了他的“两个铁球同时着地”的定理。

可见，能够进行发散性思考的人往往容易打破常规、开创先机，这类人更具有变通性和创造性，这点对企业而言也至关重要。企业在经营过程中往往会遭遇各种各样的险境，如自己的客户被竞争对手意外抢走，技术部新研发出来的一款产品却找不到市场定位等，这些接二连三的问题往往让很多企业管理者防不胜防，疲于应付。而想要突破这些困境，就需要管理者有成熟的解决问题的能力，这种能力便要用发散性思维去培养。

在“双十一”期间，某家首饰店利用发散性思维进行了一场促销活动。这家首饰店在全国有 100 多家实体连锁店，线下经营很成功，但在网络销售方面却没有什么经验，网店开张几个月都没什么人气。没人气就没销量，怎么办？看“双十一”大促在即，首饰店的老板经过彻夜研究后，做出了一个大胆的决定：在网上找一家人气较高的品牌服装网店进行合作。这两家看似毫无关联的店进行合作，让人一开始颇为质疑，但最后出乎意料地实现了双赢。

那么，他们是怎么进行合作的呢？他们的合作方式是这样的：你卖货，我送礼。凡是在服装店消费 200 元以上的顾客，就可领取首饰店送出的 50 元现金券，顾客拿着这 50 元现金券可以在这家首饰店的网店进行抵扣，也可以在线下实体店内享受一次免费的首饰清洗。短短几天，这些现金券便为这家首饰店的线上和线下店铺同时带来了人气和可观的利润，而那家服装店也借势大赚了一笔。

首饰店这种营销模式便是运用了发散性思维，充分发挥想象力，将原有的思维、观念进行重新组合，继而得到解决办法。那么，该如何进行发散性思维的培养呢？在此给大家提几个关键点。

首先，打破常规、弱化思维定式是培养发散性思维的前提，简言之，就是让你的思维“放飞自我”。在面对一个问题时，充分发挥你的想象力，从很多个角度去思考，找出各种不同的答案，并把这些答案用笔记下来。经过一段时间的练习后，再遇到紧急的事情，你就能快速地想出很多解决办法。

其次，尝试用角色互换的方式看待问题，即将自己代入对方的角色去思考。例如，关于一只碎掉的杯子，从一个学经济学的人的角度去思考，是成本增加的问题，碎掉意味着还得重新买一个；而从一个注重情感的人的角度去思考，它可能承载着珍贵的回忆，若是恋人赠予的，碎掉会引起一场情感上的风波。

能够把人限制住的，往往是自身。人的思维空间是无限的，就像俄罗斯方块一样，有亿万种可能的变化。条条大路通罗马，很多问题其实并不难，只是因为你陷入了思维的固定模式，才放大了问题的难度。也许你正被困在一个看似走投无路的境地，也许你正囿于一种两难选择，记住，所有难题都是你的思维定式所生，所有困境也都是你的思维惯性所致。只要你勇于摆脱固有的观念重新看待问题，一定能走出一条康庄大道。

创造性思维需要有丰富的想象力，一个具备创新能力的人，必定是具有发散性思维的高手。企业管理者不要永远沉浸于固有思维模式中，合理利用发散性思维可以为企业带来更多的创新和机会。思维开阔了，解决问题的点子自然也就多了，这对提升企业发展速度大有裨益。

用远眺趋势性看问题

一个人难抵一个团队，一个团队难胜一个系统，一个系统也无法抵挡趋势的力量。用趋势性的视角看问题，可以让一个人走得更快，让一个企业走得更远。

有一对双胞胎同时大学毕业，一个加入腾讯，另一个进入报社。几年过去，随着网络媒体的不断发展，去腾讯的人已经是年薪百万，而去报社的人，因为整个产业的衰落，被迫下岗，一切都需要重来。这对双胞胎的能力相当，但结果为什么差别这么大？根本原因是他们所选择的这两个行业发展趋势不同——一个在快速崛起，另一个在快速衰退。

中国有句老话叫“士别三日，当刮目相看”，这句话反映了世间万物都是在变化中发展的道理，所以我们看待问题的方式也应是具有远眺性的、趋势性的，要看到这个问题、这个事物将来的发展趋势会是什么样子的。问题是“点”，趋势是“线”，看待问题时一定要看到你所切入的这个点是在一条什么样的趋势线上，否则无论怎样进行优化，也不过是在这个“点”上白耗力气。

善于判断浪头方向的船长，远比只会划动船桨的水手重要。而在一个高速发展的时代里，会判断趋势的人，往往比单纯依靠能力的人更具优势。在大势面前，人的努力和能力根本不值一提！

现在的新能源汽车，其实早在 1881 年就已被发明，如果你能提前发现这股趋势，那么你很可能就是“特斯拉”的研发者。

一个人的命运，要靠天分，要靠奋斗，但更重要的是要认清自己所处的历史进程。个人努力和时代趋势的对比，如同划船时桨的力量与水流方向的关系。

如果每个人都有选择出身的权利，谁不愿意生在一个拥有更好资源、更优越环境的家庭？很多时候不是你不够努力、不够优秀，而是无论你多么努力，都会有一道结结实实的屏障，横亘在面前。

出身不可选，但是趋势可以选。在时代的洪流中，只有站在浪潮上，才能乘风破浪！小米创始人雷军曾说：自己早年做事情，一直达不到理想的结果。若说不够勤奋，可马云也没比自己勤奋呀，人家的时间安排比他宽松多了，自己每天恨不得忙到 24 小时，全天候扑在工作上。

很多年后，雷军才明白问题所在：自己没有顺势而为，没有把事情做到点上。

凡·高和毕加索都是闻名世界的画坛巨匠，两人虽然处于同一个时代，命运却大相径庭：凡·高生前穷困潦倒，尽管创作了 900 多幅画，但在生前却只卖出了一幅，只能靠弟弟接济维持生计，最后饮弹自杀。与凡·高相比，毕加索就幸运多了。毕加索是美术史上最长寿也最富有的画家，他一生结过两次婚，死后留下了 7 万多幅画作以及大量豪宅和巨额现金。

为什么凡·高的命运如此悲惨？其实不是他不努力，而是他的作品不属于那个时代。其实不仅是凡·高，当时印象派的其他画家同样也没受到社会的认可。19 世纪中叶，主流的美术风格还是传统的古典写实主义风格，而且当时有一定地位的都是学院派，他们的画风严谨细腻，注重写实。而凡·高的画风怪异，不讲究细节，他沉溺在自己的内心世界里，画作呈现出来的更多的是精神世界的绽放，这种风格与人们当时的审美格格不入，自然就不受欢迎。

虽然同样属于印象派，毕加索就显得很识时务，而且非常有商业头脑。毕加索去饭店吃饭，不用现金结账，而是喜欢用支票付款。那些拿到毕加索亲笔签名的店主都不会去银行兑换现金，这是因为毕加索声名显赫，他们相信，收藏这张支票会更有价值。

另外，毕加索创作画作也很贴近现实。在他的作品中有一幅画叫《格尔尼卡》，这幅画颜色单调，内容怪异而抽象，看起来很像孩子的涂鸦，然而，这幅作品却成了世界艺术宝藏，其价值甚至高达数亿元人民币。

但鉴于《格尔尼卡》的历史和文化意义，它可能永远不会进入市场交易。这幅画的背后，有着一个令人心碎的故事。在第二次世界大战期间，德国军队轰炸了西班牙的小镇格尔尼卡，并对小镇上的平民大开杀戒。为了纪念这起事件，当地的政府邀请毕加索为这些遇难的灾民画一幅画，于是便有了这幅《格尔尼卡》。

这幅画鼓舞了西班牙人民，给当时处于战争黑暗的西班牙人民带来了生的希望，所以它的价值无可估量。

中国有句古话：识时务者为俊杰。毕加索的成功，正是因为他能敏锐洞察时代潮流，顺应时势进行创作，因此成就了非凡的艺术生涯。

在教育孩子的问题上，很多父母一贯秉承的观念是“不要输在起跑线上”，周末给孩子报各种各样的补习班。其实，家长的格局，才是孩子最好的起跑线。马云曾说，一个成功的创业者需要具备三个因素：眼光、胸怀、实力。而这三个因素中，笔者认为眼光应该排在第一位，因为“做正确的事”远比“正确地做事”重要得多。人不可能在一个没有金矿的地方挖出金子，同样，在一个处于下降趋势的行业，企业也不太可能得到发展。马云的成功正在于他有独特的眼光，互联网产业刚兴起的时候，国内的房地产市场正炒得热火朝天，很多人都放弃了固有行业，投身到房地产行业想分一杯羹。面对这一热潮，马云却毫不理会，他把好钢用在了刀刃上，选择了互联网行业。那个时候，国内能使用计算机的人还是少数，但马云从美国互联网的发展中，看到了国内未来的趋势，正是这一选择，给他的梦想插上了翅膀，造就了他的财富传奇。

在这个时代，勤奋不等于成功，真正决定成败的是机遇、选择和方向。不要把精力浪费在不重要的事情上，一个公司制胜的关键是正确的决定，而非投入的多少。

人没有高度，看到的都是问题；没有格局，看到的都是鸡毛蒜皮。成功的人，往往比别人看得远。无论是个人还是企业，如果你所处的经济环境没有向上的趋势，那么即使付出再多努力，也很难赚到钱，甚至会被淘汰。着眼现在，放眼未来，企业要看得远一些，不可鼠目寸光，拘泥于眼前的一事一物和利益得失，否则只会把路越走越窄。

“富无经业，货无常主”，商业的本质就是这样，没有一直赚钱的行业，也没有永远不会被淘汰的商品。在这个瞬息万变的世界中，没有任何一种业态、模式可以永远领跑，只有紧跟时代节奏，不断地创新变革，才能立于不败之地；只有学会趋势性看问题，才能顺势而为，也才能趋利避害。看问题不应仅仅停留在现在，而应将眼光放长远，一个有远见的企业家，在未来的市场中，无论如何都不会缺席。

以求真性看问题

有句老话叫耳听为虚，眼见为实，但是我们也不能过于相信自己的眼睛，因为有时候，真相往往并非所看到的那样。

在孔子的所有弟子中，颜回的德行最让他欣赏。有一次，孔子和颜回一起外出，两人走到一处偏僻山野时，肚子饿得咕咕作响，于是，颜回便让孔子在原地休息，自己则从山下农家讨来了一碗白米饭。谁知上山途中，山风太大，一些灰尘被吹落到饭里，颜回舍不得浪费，于是便边走边把那些沾了灰的米饭吃了，这一幕正好被站在山上的孔子看见了，他误以为是颜回饿了偷饭吃，等颜回走到山上将饭端给孔子的时候，孔子故意说："我们在这兵荒马乱的年代还能有饭吃，实在是上天的恩赐，不如先用它来祭祀天地吧！"颜回听后，面露难色："夫子，我们不能拿这碗米饭来祭祀上天，刚才我端着它上山时，风吹起尘土落入饭中，我不忍浪费，就先把那些沾了灰尘的米粒吃了，这碗米饭终究还是不干净了，不能用它来祭天。"听颜回这么一解释，孔子羞愧难当，感叹道："我亲眼看到的都不一定是实情，更何况是从别人那里听来的呢？"

的确，这世界上有很多人就是因为太过于相信自己的眼睛，导致对事物的本质进行了错误的判断。眼见，往往并不为实。想要完全理解一个事物的本质，还需要我们保持求真的态度，经历求真的过程。

齐桓公的故事便是一个例证。据传，他有三名宠信的近臣：易牙、开方、竖刁，这三个人对他都忠心耿耿。齐桓公想吃人肉，易牙就把自己的儿子杀了，蒸给齐桓公吃；开方本来是卫国的公子，后来卫国被齐桓公征服，开方便一心辅佐齐桓公，连自己的父母死了都没回去吊丧；竖刁因为掌管后宫，经常和嫔妃们有接触，为了消除齐桓公的顾忌，竖刁亲手把自己阉割了。

这三个人的举动都让齐桓公深受感动，后来丞相管仲病危，齐桓公想从这三个人中挑选一个人做管仲的接班人，不料管仲却极力反对：易牙连自己的儿子都杀，这人没有人性；开方弃自己的父母于不顾，心肠太歹毒；竖刁阉割迎合国君，行事极端。管仲死后，齐桓公没有听管仲的话，让这三个人都掌了权。结果齐桓公一病重，这三人就开始造反了，使齐国陷入混乱，最后齐桓公也被活活饿死了。

可见，表面上对你好的人，其实并非心存善意。都说人心隔肚皮，仅凭眼见来判断事物，可能会付出惨痛代价。

有这样一则寓言：有个马夫每天给马擦洗身子，梳理鬃毛，其他马夫看到后，纷纷称赞他对马照顾有加，马听了却不乐意了："你们看到的只是表面，却不知道他背地里偷偷把我的大麦卖掉了。如果他真心对我好，绝对不会这样做！"

确实，从表面看，马夫对马很好，擦洗得很干净，但实际情况呢？他把马最需要的口粮卖掉了！你能说他是好人吗？

在职场中，这种"马夫"式的假好人也很常见。他们往往虚情假意，特别是对职场新人表现得格外"照顾"，然而实际上却在暗地里设置陷阱。假好人比真正的坏人更可怕，因为他们的伪善往往让人防不胜防，最终害了别人，也会害到自己。

企业在扩张过程中，必须谨慎。在当前竞争激烈的市场环境中，企业的规模可能决定生死，适度扩张有助于企业长远发展，盲目扩张则可能带来灾难。许多知名跨国公司正是因为过度扩张，最终走向衰败。

美国的安然公司曾是世界上最大的电力、天然气和电信公司之一，2000 年，其营业额高达 1000 多亿美元，但仅仅一年后，这家公司就申请了破产保护。安然的崩溃，最直接的原因就是其在扩张过程中采取了一系列欺骗投资者的手段，如操纵财务报表，以保持所谓的高增长。然而，真相总会被揭露，市场的反应最终让安然付出了代价。

曾经风光无限的凡客诚品，也因盲目扩张而走向衰败。陈年当年宣称要实现 100 亿元的营业额，为了达到这一目标，凡客开始盲目扩张，疯狂招募员工，过度扩充产品线，甚至卖起了拖把。随着品类的扩展，产品质量不断下降，最终导致了巨大的亏损。短短一年，凡客亏损了近 6 亿元，几乎在一夜之间从行业巨头跌入濒临破产的境地。

建立在沙滩上的大厦迟早会坍塌，只有求真务实，才能夯实企业的地基，这也是企业发展的关键所在。真相是企业思考、判断与行动的指南。若企业的决策建立在虚假信息上，就可能犯错。保持足够的怀疑精神，追求真理，我们就能避免在未弄清事实之前贸然行动。尽管这种谨慎可能让我们错失一些机会，但至少能避免为此付出惨痛的代价。

一个企业要想持续发展，必须保持求真的态度。无论是在决策还是在投资时，都要认真考察市场的真实情况，只有这样，企业才能识别真正的市场需求，做出正确、科学的生产决策。

有多大的碗，装多少的饭。当碗还不够大时，不要贪图太多的饭。企业的管理者不能仅满足于提出新奇的概念和口号，更应该积极实践这些理念，深入探究它们的真实性和可操作性。实践出真知，我们不应惧怕犯诚实的错误，必须以更诚实的态度面对错误。企业在制定战略时，不妨问自己，抓住这次机遇，真的能获得成功吗？投资的项目是表面风光，还是确实有利可图？企业是否能抓住机遇、加快发展，关键在于能否坚持求真务实。

被石头绊倒一次并不可怕，真正可怕的是被同一块石头多次绊倒。“狼来了”的故事听多了，也就没有人会再相信。企业只有坚持求真，才能真正做到可持续性创新，才能把自己的“碗”做大。“碗”大了，就不会再为资源和机会而担忧。

用批判性思维看问题

有一种常见的思维方式，能够帮助我们从被别人忽视的角度发现机会，那就是批判性思维。它要求我们以辩证的眼光审视那些看似理所当然的“标准答案”。

以宣传奇才加里·哈利为例，他被誉为美国宣传行业的乔布斯，开创了美国宣传领域“以赠换销”的先河。哈利的思维方式与他青少年时期在马戏团卖零食的打工经历密不可分。当时，他注意到一个有趣的现象：虽然观众进场后通常会想吃点零食，但实际上很少有人买东西，尤其是饮料，几乎没有人会主动选择。

有一天，哈利提出一个大胆的建议：能否向每位买票的观众赠送一包花生。然而，老板坚决不同意。按照常理，赠送花生意味着增加成本，反而会让本就利润不高的生意亏本。但哈利并不这么认为。为了得到老板的同意，他甚至愿意用自己的工资做担保。第二天，哈利大声吆喝“买票看戏，免费送花生”，结果观众的数量明显增长了几倍。进入场内后，大多数观众吃完花生后口渴，纷纷购买饮料，最终一场马戏的营业额比平时增加了十几倍。

这个例子清晰地展示了批判性思维的魅力：哈利没有盲目接受常规思维，而是从一个不为人注意的角度出发，提出创新的解决方案，最终实现双赢。通过这种思维方式，我们可以打破常规，发现隐藏的机会。

无论是在商业还是在其他领域，每一次进步都离不开“批判性思维”的运用。古希腊著名学者亚里士多德因其学识广博而备受敬仰，他曾为地心宇宙观提供了理论基础。其后，托勒密发展出了完整的“天动学说”（即地心说）。该学说曾在几个世纪内被奉为真理，甚至被当时欧洲最具权威的教皇奉为标准，流传了 1800 多年。直到 16 世纪，哥白尼提出“日心说”，才颠覆了这种错误的观点。哥白尼的批判性思维让人们意识到，若没有他的挑战与质疑，天文学的发展不会达到今天的高度，宇宙的探索也难以取得今天的成就。

人的思维常常受限于传统的理念与观念。我们倾向于用已知的标准和框架来解读未知的、新出现的事物。当新的观点或发现与传统认知完全不同时，我们常常产生强烈的排斥反应。然而，许多人们熟知的传统观念不一定是真理。

批判性思维让人能够识别现有框架，跳出框架，探索框架外的未知世界。这种探索不仅能开阔视野，还能创造新的机遇，为事业带来突破性的增长，帮助人们在竞争中脱颖而出，达到别人难以企及的高度。

有一位经理，在不到四年的时间里就被提拔为副总裁。许多同僚和朋友向他请教成功的秘诀，他笑着提出了一个问题：“如果领导要求你订的航班没票了，怎么办？”有人说查看其他航班，有人说查高铁，他微笑着点头，然后反问：“那你们知道领导为什么要去那个地方吗？为什么要指定那趟航班？”此时，大家一时语塞。经理人继续说，他会反思：“为什么一定是这趟航班？背后有什么深层次的考虑？为什么必须乘坐飞机？为什么要在三小时内到达？”他会深入了解这些指令背后的真正意图，获取更多的信息后，才带着自己的思考去询问领导，然后请领导做决定。

批判性思维并非无端的质疑，也不是一开始就否定所谓的“标准答案”。它是带着疑问深入挖掘“标准答案”的背后逻辑，找出问题的根源，然后以全新的视角来回答问题，甚至可以解决更为根本的问题。

如果把人生看作是一场“打怪升级”的游戏，那么批判性思维就是每个人手中的武器和装备。批判性思维越强，武器越锋利，面对挑战时就能更从容应对，从而迈向更高的层次。

PART2

逻辑破局二：目的就是改变

人生并非一帆风顺，而是充满挑战与变化的旅程。在这一旅程中，我们常常面临各种困难和障碍，关键在于如何调整思维方式来适应和应对这些变化。只有当我们改变思维方式，才能真正改变自己的人生。

许多时候，束缚我们的往往是固有的思维模式。从现在开始，培养共赢思维，与他人合作实现双赢；锻炼主动思维，不再等待他人帮助，而是积极争取，勇于行动；突破思维限制，勇敢地挖掘自己的潜力。

改变思维

每个人由于成长经历的不同，会形成各自独特的思维模式，我们习惯性地用这种固有的思维方式来面对和解决人生中的各种问题。这就像一个孩子拿着一把钥匙，试图用它去打开形形色色的锁。

有些人可能比较幸运，拥有一把所谓的“万能钥匙”，但这也仅意味着他们能够打开更多的锁，并非所有的锁都能轻松打开。要想应对所有问题，单靠一把钥匙显然是不够的。

那么，什么才是“真正的万能钥匙”呢？其实，它并不是固定的工具，而是一种灵活的思维方式，能够根据不同的情境、问题和需求，找到相应的解决方法。这种思维方式能够因时制宜、因地制宜、因事制宜。就像砒霜虽然有毒，但在医生手中却能成为治病救人的良药；同样，荔枝虽美味，但吃得太多也可能对身体产生负面影响。任何事物都没有绝对的好坏，关键在于如何看待它们。

《刻舟求剑》这个故事中的楚人，几千年来一直被世人嘲笑。他用死板的思维去解决问题，显得迂腐、不懂变通。但我们是否真的有资格去嘲笑这个楚人呢？在现实生活中，我们是否也时常做着“刻舟求剑”的事情呢？

4000 多年前，黄河流域的洪水灾害困扰着我国，尧命鲧负责组织治水工作。鲧采用“水来土挡”的策略，最终以失败告终。鲧失败后，尧将治水大任交给了其子禹。禹带着尺、绳等测量工具，深入考察主要山脉和河流，进行详细的调查。禹及其随从来到了河南洛阳南郊，那里有座高山，属于秦岭山脉的余脉，一直延续到中岳嵩山，犹如一座东西走向的天然屏障。他们发现这座高山中段有一个天然缺口，涓涓细流从缝隙中轻轻流过。因山口过于狭窄，难以承受汛期洪水，造成黄河淤积、水流不畅。禹在这一发现的基础上，改变了治水策略，转“堵”为“疏”。他疏通河道，拓宽峡口，让洪水能够更顺畅地流过。禹还提出“治水须顺水性，水性就下，导之入海”的理念，根据不同地势进行疏导：高处开凿，低处疏通，并按轻重缓急安排治水顺序，先从首都附近地区入手，再扩展到其他地区。

在禹的领导下，治水进展迅速，洪水最终顺畅流向下游，江河畅通无阻。

面对滔天的洪水，大禹没有沿袭父亲鲧的治水方针，而是采取了“疏”而非“堵”的策略。这一改变既正确又高明。当我们面对相同困境并已有失败的教训时，就应当认真分析失败的原因，及时调整策略。

明明国家或地方政府的政策已经发生变化，企业却依然按照过去的惯性运作；明明时过境迁、物是人非，却仍沉浸在过去的辉煌或懊悔中无法自拔；明明行业或领域内已经发生了技术革新和知识迭代，却仍然依赖过时的经验来工作和学习。所有这些，正如“刻舟求剑”，结果往往是费尽心力却一无所获。

改变思维需要敢于挑战权威，打破常规。别人都这么做，不代表这样就是对的；某某曾经说过的，也未必是永远的标准答案。

纽约的一家新开业银行希望迅速提升知名度，通常做法是大肆宣传、促销或请名人代言。然而，这家银行没有采用传统的宣传方式，而是选择了与众不同的策略。他们购买了纽约各电台黄金时段的 10

秒广告时间，并播放“沉默时间”：一句话也不说，仅有寂静的 10 秒钟。这个看似莫名其妙的举动激发了听众的好奇心，媒体争相报道，成了热门话题。

如果这家银行采用传统的宣传方式，效果可能平淡无奇，甚至事倍功半。幸运的是，他们打破了惯性思维，选择了一种创新的方法，通过沉默激发了公众的兴趣和讨论，成功地吸引了大量关注。

我们都知道，两点之间，线段最短。但有时直线前进可能遭遇阻碍或危险，因此适当绕行或折返，反而可能是更有效的方式。

有一个人因吃不饱穿不暖，来到上帝面前痛哭流涕，诉说自己生活的艰难：每天辛勤工作却挣不到多少钱，日复一日地承受着饥饿和劳累。

他开始抱怨：“这个世界太不公平了！为什么富人每天都过得那么悠闲，像我这样的人却要每天辛苦劳作，生活艰难？”

上帝微笑着问：“那你觉得怎样才公平呢？”

穷人回答道：“如果富人也像我一样穷，做和我一样的工作，而最终他变得比我富有，那我就不再抱怨了。”

上帝答应了穷人的请求，把一个富人变成了与穷人相同的人，并给他们各自一座煤山。每天他们都可以将挖出的煤卖掉，换取食物，期限是一个月。

穷人和富人开始挖煤。由于习惯了体力劳动，穷人挖煤得心应手，很快就挖了一车煤，随后拿到集市上卖了一些，赚的钱全用来买了好吃的食物带回家。富人平时没有做过重活，挖煤时时常停下来休息，直到傍晚才勉强挖出一车煤并拉到集市上卖，换回来的钱勉强买了几个硬馒头，其余的钱则留了下来。

第二天，穷人依然一大早就开始挖煤，富人却去逛集市。不久，他带回了两个健壮的工人，这些工人没有多说什么，立即开始工作。富人站在一旁监督，仅仅一上午，工人们就挖出了几车煤。富人将煤卖掉后，再雇了几名工人。一天结束时，扣除工人薪酬，富人赚的钱比穷人多了很多。

一个月很快过去，穷人只挖了煤山的一角，每天赚来的钱几乎都用来享受美食，没有积蓄。富人则早已指挥工人们挖光了煤山，赚了大笔钱。他把这些钱投入生意中，迅速再次成为富人。

看到这一切，穷人再也不抱怨了。

同样的条件、相同的困境，但由于思维方式的不同，结果却是天壤之别。成功的人之所以能脱颖而出，是因为他们不拘泥于传统的思维方式，而是通过创新思考，充分利用周围的资源和机会，找到解决问题的最佳途径。

人们常说“天无绝人之路”，但找到出路的关键并不在于天意，而在于人的智慧和行动，依赖于我们开阔的思维和创新的眼光。

1492 年，哥伦布发现了新大陆，回到西班牙后，他成了民众心中的英雄，国王和王后封他为海军上将。然而，部分贵族并未看重他，认为任何出海的人都能发现这片新大陆。

有一个广为流传的关于哥伦布的故事，尽管它大概率是一个传说，并非真实的历史事件，却充满象征意义，巧妙地表达了创新和突破思维的重要性。

在一次宴会上，一位贵族讥笑哥伦布：“上帝在创造世界时，难道没有把那块陆地也一并创造好吗？发现它算得了什么？”

哥伦布听后，沉默片刻，随后从盘子里拿起一个鸡蛋，提出了一个问题：“女士们，先生们，谁能把这个鸡蛋竖起来？”

宴会中的人纷纷尝试将鸡蛋竖立，可是每次鸡蛋一放手便立刻倒下。最后，鸡蛋回到哥伦布手中，屋内鸦雀无声，大家都想看他如何将鸡蛋竖起来。

哥伦布不慌不忙地用鸡蛋的一端轻轻敲在桌面上，蛋壳轻微裂开，鸡蛋稳稳地竖立在桌上。

“这有什么稀罕的？”宾客们又开始讥笑他。

“本来就没有什么稀罕的，”哥伦布回答，“可你们为什么做不出来呢？”

有人开始辩解：“鸡蛋已经破了，这算什么呢？”

哥伦布微笑着说：“我一开始就没有说过不可以敲破鸡蛋啊。”

这番话深刻地揭示了一个道理：创新和突破并不需要全新地创造某些东西，而是用不同的方式思考和解决问题。很多时候，我们之所以做不到，是因为我们固守了自己的“常规”和“界限”。

最后，哥伦布在离席时留下了一句话：“我能想到你们想不到的，这就是我胜过你们的地方。”

我们姑且不去探讨故事的真实性，但毋庸置疑的是，发现新大陆无疑是人类历史上的一次重大探索。完成这一壮举，所需的不仅仅是运气，也远非那些贵族所说的那样，任何人都能做到。哥伦布通过对这些人的反击，向我们传递了一个重要的思想：只有想到他人想不到的，才能做到他人做不到的。

在我们的学习、工作、生活与创业中，经常会面临同样的难题。我们可能会陷入困境，百思不得其解，而有些人却能够迅速找到解决办法。此时，我们往往会习惯性地模仿他人的方法，却很少思考别人为何能想到这样的办法。其实，这才是我们真正应该学习和模仿的地方。

有一个木匠，技艺高超，造了一扇精美的门。他花了许多天的时间，精心打造，认为这扇门既坚固又美观，必定经久耐用。

后来，门上的钉子生锈了，掉下一块木板。木匠找出一颗钉子补上，门又完好如初。接着，又掉下一颗钉子，木匠就换上一颗钉子。紧接着，又有一块木板朽坏，木匠就找出一块板换上。再后来，门闩损坏了，木匠就换了一个新的门闩。最后，门轴坏了，木匠更换了门轴。如此反复修理，尽管门年年破损，但每次经过木匠的精心修理，门依然能够正常使用。木匠因此感到十分自豪，庆幸自己拥有这门手艺，不然门坏了还不知道该怎么办。

然而，某天邻居对他说："你是木匠，看看你们家的门，再看看别人家的门。"木匠回头一看，才发现邻居家的门样式新颖、质地优良，而自己家的门却又老又破，布满了补丁。木匠恍然大悟，原来正是自己的手艺阻碍了自己更换新门。

他叹息道："学一门手艺很重要，但换一种思维更为关键。行业上的造诣是一笔财富，但它也可能成为一扇门，把我们困住。"

就像这个木匠一样，故步自封、画地为牢的情况，许多人几乎每天都在经历。我们靠着惯性前行，从不自省或观察周围的世界。最终，要么陷入死局，要么被淘汰。无论做什么事，我们都需要不断调整战术，丰富知识储备，并积极探索和借鉴周围人的经验和成功之道。切忌自以为是，或者一味低头前行。因为这样的行为不仅不能帮助我们解决问题，反而会使我们深陷困境，越来越难以自拔。

只有打破思维的局限，拓宽思路，才能看到更多的可能性。

改变性格

勇敢与坚强，胆小与怯懦；细致与认真，粗犷与直爽；善良与谦恭，骄傲与嫉妒；平和与守礼，暴躁与易怒……这些是人们对性格的不同总结。有些性格受到褒扬，有些则带有批判的意味。

但世界上没有绝对完美的性格，只有相对优秀的性格。优秀的性格帮助我们走向成功，具有缺陷的性格往往会把我们引入困境。这时，我们就需要通过改变自己的性格，去适应环境、克服挑战。当性格发生改变，许多曾经让我们无从下手的难题，便会变得迎刃而解。

性格的改变不是一朝一夕的事，但它是我们不断成长和进步的重要动力。通过自我反思与实践，我们可以一步步塑造更适应社会与生活的性格，从而突破局限，迎接更多可能的成功。

三国时期的周处，年轻时为人蛮横强悍、任性妄为，是当地的一大祸害。他的家乡义兴的河中有条蛟龙，山上有只白额虎，也一直在祸害百姓。义兴的百姓将周处与蛟龙、猛虎并列，称他们为三大祸害。而在这“三害”中，周处尤为恶劣。

后来，有人劝说周处去除害，实际上是希望三个祸害互相拼杀。于是，周处先去杀死了老虎，然后又下河斩杀蛟龙。蛟龙在水中时浮时沉，周处与蛟龙搏斗，漂出几十里远。三天三夜后，当地百姓都认为周处已经死了，纷纷庆贺。

然而，周处杀死蛟龙后从水中归来，当他听说乡里人以为自己死了而庆贺时，才意识到自己在乡邻眼中是个祸害。这使他产生了悔改之心。

于是，周处到吴郡去寻求名士陆机和陆云的帮助。当时陆机不在，他只见到了陆云，他把事情的经过一五一十地告诉了陆云，忧虑地说："我想要改正错误，但岁月已荒废，怕最终也不会有什么成就。"

陆云回答道："古人珍视道义，认为'哪怕是早晨明白了道理，晚上就死去也甘心'。况且你的前途依然有希望。人最怕的是立不下志向，只要立定志向，又何必担忧声名不能传扬呢？"

周处听后深受启发，决心改过自新，发奋学习，最终成了一名忠臣。

周处凭借蛮横豪勇，曾一度以除害为名，但没想到，最大的祸害其实就是他自己。面对乡邻的轻视与不满，他终于幡然醒悟。所谓的"除害"，其实就是周处自我改变性格、修正错误的过程。

王阳明曾说："破山中贼易，破心中贼难。"每个人的性格都是在漫长的时间中逐渐形成的，想要改变它，往往非常困难。但一旦改变，这种转变将给我们的人生带来深远的影响。一个目空一切、自视甚高的人，常常会得罪许多人，在困境中也很难得到他人的帮助。而如果这个人学会了虚心、谦恭，尊重他人并真诚地帮助身边的人，他的朋友将会越来越多。当他再遇到问题时，也会有许多人愿意伸出援手。

战国时期，齐国的大臣邹忌身高八尺，容貌英俊，光彩照人。有一天早晨，他穿戴好衣帽，照着镜子，对妻子说："我与城北的徐公相比，谁更英俊？"

妻子回答："您俊极了，徐公怎能比得上您呢？"

城北的徐公是齐国有名的美男子。邹忌并不相信自己会比徐公更美，于是又问他的小妾："我和徐公相比，谁更英俊？"

小妾回答："徐公怎么能比得上您呢？"

邹忌听了两位亲近人的夸奖，心中仍有疑虑。

第二天，邹忌问来访的客人："我和徐公相比，谁更英俊？"

客人答道："徐公不如您英俊。"

到了第三天，徐公亲自前来拜访，邹忌端详他，发现自己不如徐公英俊，再对照镜子，觉得自己确实远远不如他。夜里，邹忌躺在床上反复思考这件事，终于得出了一个结论：妻子偏爱自己，小妾惧怕自己，客人有求于自己，因此他们都说自己比徐公英俊。由此他意识到，自己受到了一定的偏爱和美化。

于是，邹忌上朝拜见齐威王，说："我确实知道自己不如徐公英俊。我的妻子偏爱我，我的小妾惧怕我，客人对我有所求，他们都说我比徐公英俊。如今，齐国的百姓、宫中的妃嫔、朝廷中的官员，恐怕也都像他们一样，偏爱大王、惧怕大王或有所求。因此，大王恐怕也难免被这些人蒙蔽了。"

齐威王听后，感慨万千，立即下令："所有的大臣、官吏、百姓，能够当面批评我的过错的，得上等奖赏；能够上书劝谏我的，得中等奖赏；能够在公众场合指责我的，并且能传到我耳中的，得下等奖赏。"

这一政策一发布，朝廷立刻热闹非凡，许多大臣纷纷进言，宫门口常常像集市一样喧闹。几个月后，进谏的人逐渐减少，到了一年之后，大家即便想进言，也找不出可批评的内容。

燕、赵、韩、魏等国听闻齐国的变化，纷纷前来朝见齐威王。此事被称为"在朝廷之上不战自胜"。

《邹忌讽齐王纳谏》的故事，表面上看是赞美邹忌有自知之明，且善于总结和进谏，但故事的核心人物是齐威王。正是他具备自我反思和反省的品质，敢于面对自身的缺点，接纳邹忌的劝言，并通过开设批评和自我批评的渠道，成功地激发了朝廷和百姓的积极性。

反观我们自己，是否真的如我们所想的那样完美无缺？我们是否真的没有缺点？我们所遇到的困境，是否真的是因为运气不好、别人不好、环境不好？答案显然是否定的。

因此，我们应当时刻审视自己，虚心接受他人善意的批评，并且下定决心去改正自己性格上的缺点。只有当我们身上的缺点越来越少，我们才能更加从容地面对困境与挑战，不会轻易被困难所击倒。

美国纽约有一位名叫埃米莉的姑娘，她总是自怨自艾，认为自己的理想永远无法实现。她的理想与每一位年轻姑娘相同：她渴望和心仪的白马王子结婚，然后一起过上幸福的生活。然而，埃米莉整天沉浸在梦想中，直到周围的姑娘们都已成家，而她自己成了大龄单身女。她开始认为自己的梦想永远无法实现。

某个雨天的下午，埃米莉在家人的劝说下，去求助了一位著名的心理学家。当她与心理学家握手时，她那冰冷的手指、苍白憔悴的面孔以及哀怨的眼神，让人感到心疼。她向心理学家诉说着自己的无望："我已经没有希望了，您有什么办法吗？"

心理学家静静地思考了片刻，随后对她说："埃米莉，我想请你帮我一个忙。我真的很需要你的帮忙，可以吗？"

埃米莉将信将疑地点点头。

心理学家继续说道："是这样的。我家要在星期二举办一个晚会，但我妻子一个人忙不过来，你能帮忙招呼客人吗？明天一早，你去买一套新衣服，不过不要自己挑，让店员帮你挑选。然后去做一个发型，同样，听理发师的建议。”

接着，心理学家补充道：“到我家来的客人很多，但大家互相不太熟悉。你要主动去招呼客人，告诉他们你代表我欢迎他们，还要特别注意帮助那些显得孤单的客人。我需要你认真照料每一位客人，你明白了吗？”

埃米莉一脸不安，心理学家安慰她：“没关系，其实很简单。例如，看见谁的咖啡喝完了，就端一杯给他；如果屋里太闷热了，就开开窗户什么的。”

埃米莉终于决定试一试。

星期二，埃米莉准时来到了晚会现场。她的发型得体，衣服合身，按照心理学家的建议，尽职尽责地帮助别人，完全忘记了自己的心事。她的眼神充满活力，笑容可掬，成了晚会中最受欢迎的人。晚会结束后，三位青年纷纷提出要送她回家。

接下来的几周，三位青年热烈追求埃米莉，最终她答应了其中一位的求婚。心理学家作为贵宾，参加了他们的婚礼。当人们看到幸福的新娘埃米莉时，都说心理学家创造了一个奇迹。

然而，心理学家并没有创造什么奇迹。他运用了自己的智慧，帮助埃米莉走出了困境。他精准地发现了埃米莉性格上的问题，并为她提供了一个巧妙的解决办法。通过改变性格，埃米莉的困境迅速得到了化解。

其实，我们和埃米莉一样，常常因为自身性格上的缺陷而陷入各种各样的难题。然而，我们应该意识到，很多时候，解决问题的方法就是改变自己的性格：曾经不敢尝试的，现在可以开始尝试；曾经不愿意做的，现在应该付诸行动；曾经从未想到的，现在既然想到了，就应该付诸实践。改变性格会为我们带来新的机会，这些机会，正是我们破局的关键。

明朝时，有一位年过半百才得子的财主，他为儿子取名天宝。天宝长大后仗着家世，游手好闲，挥金如土。老财主担心儿子如此下去会保不住家业，于是请来一位先生教导他，尽量不让他出门。在先生的教诲下，天宝渐渐变得知书识礼。

不久后，天宝的父母不幸去世，他的学业也中断了。等先生离开后，天宝的狐朋狗友又重新找上门来。天宝重新回到了往日的荒唐生活，整日沉溺于酒色之中。不到两年，他便把万贯家财花光，沦落到靠乞讨为生的地步。

直到这时，天宝才后悔自己过去的行为，决心痛改前非。一天晚上，他借书回来，因地面冰冻、路滑，又一天未进食，一不小心跌倒，最终因体力不支倒在路旁。不久，他便在严寒中冻僵了。

正巧，王员外路过，看见天宝手捧书冻僵在路旁，心生怜悯，便命家人将他救起。天宝被救醒后，王员外详细询问了他的家世，深感同情，决定收留天宝，并让他担任自己女儿腊梅的先生。

天宝感激不尽，赶紧谢过王员外的恩情。从此，他在王员外家中勤勉工作，每天悉心教授腊梅读书识字。

腊梅美丽温柔，天宝起初只专心教书，然而时间久了，他的老毛病复发，对腊梅产生了不该有的想法。腊梅愤怒之下向父亲哭诉。王员外听后不动声色，第二天便写了一封信，将天宝召来，对他说："天宝，我有一件急事需要你帮忙。"

天宝听后立即答道："员外对我恩重如山，无论什么事情，我都不推辞。"

王员外说："我有一个表兄，住在苏州一孔桥边，烦你去苏州把这封信交给他。你这就启程吧。"说完，他又给了天宝二十两银子作为盘缠。天宝虽然不愿离开腊梅，但无奈之下，只得上路。

天宝抵达苏州后，发现到处都有孔桥，找了半个多月，依然未能找到王员外表兄的住处。眼看盘缠所剩无几，他打开信一看，不禁羞愧万分。信中写着四句话："当年路旁一冻丐，今日竟敢戏腊梅。一孔桥边无表兄，花尽银钱不用回。"

看到这些话，天宝愣住了，心中充满了羞愧与悔恼，甚至产生了投河自尽的念头。然而，转念一想：王员外不仅救了我的命，还保住了我的名声，我为什么不能挣回这二十两银子，亲自还给他并向他请罪呢？

于是，天宝决定振作起来，白天帮助别人干活，晚上挑灯夜读。三年过去了，他不仅攒够了二十两银子，而且学识渊博，成了一个才子。恰逢科举考试的时机，天宝进京应试，并成功中了举人。他满怀感激和悔意，决定回去向王员外请罪。

到达王员外家，天宝立刻跪倒，手捧那封信和二十两银子，向王员外深深叩谢请罪。王员外看到天宝成了举人，惊讶不已，急忙接过信和银子。他打开信，看到自己三年前写的那封信，原来天宝在那四句话后，又加了四句："三年表兄未找成，恩人堂前还白银。浪子回头金不换，衣锦还乡做贤人。"

王员外既惊喜又感动，连忙扶起天宝，二人重归于好。最后，王员外正式将女儿腊梅许配给了天宝。

《浪子回头金不换》的故事中，天宝因性格上的缺点，屡次陷入困境，甚至一度到了绝境。虽然他有过多次悔改的决心，但因为惯性未能彻底改变，直到王员外那封信的出现，才让他真正幡然醒悟，从而改变了自己的生活轨迹。

天宝的故事之所以有了圆满的结局，正是因为他通过改变性格，改变了行为。所有这些渐进式的改变，最终汇聚成了扭转命运的力量，帮助他彻底走出了困境。

从天宝的经历中，我们可以深刻领悟到一个道理：如果我们能够认识到自己性格上的缺陷，就不应该等到面对像天宝那样的困境或绝境时才想着改变。相反，我们应当立即行动，及时调整自己。这样，很多可能发生的困境就能被我们提前化解，避免在未来受到困扰。

《儒林外史》中的荀玫，是一个少年得志却迅速陨落的典型人物。他年轻时风光无限，不到二十岁便考中秀才，并且名列第一，接连通过乡试和会试，最终中了进士。年纪轻轻便升任工部主事，之后又不断升职，仕途一帆风顺，堪称人生巅峰。

然而，他人生的转折点出现在一次为母亲举办葬礼时，同僚为了替他母亲办一场风光的葬礼，不惜花费上千两银子，毫不心疼。作为一名寒士，荀玫在这场奢华的葬礼中不仅赚足了面子，还深刻体会到了挥霍金钱的快感。从此，他开始渐渐迷失，学会了贪污受贿，逐步被金钱诱惑。荀玫在追求财富的道路上越走越远，最终彻底迷失了自我，将自己的前程亲手葬送，沦为阶下囚。

坚持一个好品质和好性格，的确不容易。在面对诱惑和挑战时，我们每个人都可能感受到内心的软弱和妥协。这时，若被打击，我们很容易像书中的荀玫那样，放弃自己本有的好品质，逐渐走向腐化堕落。而一时的放纵和快感，最终带来的，往往是深不见底的痛苦。

我们必须清楚地认识到，长期培养的良好性格，是我们生命中一把宽大的保护伞。它为我们遮风挡雨，帮我们规避许多潜在的风险和困境。若在拥有时不懂珍惜，一旦舍弃或损毁，再想找回它就会异常困难，甚至可能永远错过。

因此，我们不应因一时的困境而放弃那些真正能够长久守护我们的好性格和好品质。好的改变能引导我们走出困境，错误的改变则只会让我们陷入泥潭。

改变习惯

改变性格，需要通过实际的行动来体现。那么，行动的改变从哪里开始呢？从习惯开始。习惯是内在特质的外在表现，它看似微不足道，却蕴藏着强大的力量，足以改变我们的命运，主宰我们的人生。

正如英国哲学家洛克所说："习惯一旦养成，便用不着借助记忆，很自然地发生作用。"习惯使我们无须经过深思熟虑，便能依赖经验、惯性和身体记忆，快速对问题做出反应和行动。这种看似简单的工具，既能帮助我们创造成就，也可能将我们带入困境。习惯在我们的生活中扮演着至关重要的角色，是实现改变的关键所在。

亚历山大图书馆发生火灾后，馆中大部分珍贵书籍被焚毁，唯有一本并不显眼的书幸免于难。书本身并不引人注目，但其中藏着一张薄薄的羊皮纸，纸上写着一个令人惊讶的秘密：点铁成金石的传说。

所谓点铁成金石，是一种神奇的小圆石，能够将任何普通金属转化为纯金。纸片上写着，这块奇石可以在黑海边找到，但其外观与海边成千上万的石头并无差别。真正的秘密在于，奇石摸起来是温暖的，普通的石头则是冰凉的。

发现这个秘密的穷人将家当变卖，背着简单的行囊，开始露宿在黑海边，寻找点铁成金石。他明白，如果把捡起的冰凉石头随手扔掉，可能会不小心重复捡到已经摸过的石头。为了避免这种情况，他决定每当捡到冰凉的石头时，就立刻扔进大海。

一天过去了，石头中没有一块是书中所说的奇石。一年、两年，甚至三年过去了，穷人依旧没有找到那块神奇的石头。然而，他没有气馁，始终坚持寻找。

终于有一天早上，他捡起一块石头，摸上去是温暖的。但出于多年养成的习惯，他依旧把它扔进了海里。因为多年来，每次捡到石头，他都会本能地扔掉。这个动作已经深深烙印在他的脑海中，变成了条件反射。就在他苦苦追寻的奇石终于出现时，他却未能及时识别，并习惯性地将其抛向大海。多年的梦想，最终如泡沫般破碎。

故事中的穷人，通过日积月累的重复动作，养成了一种看似简单但极具影响力的习惯：捡起石头就扔向大海。这个动作最初的目的是帮助他找到奇石，但随着时间的推移，这个习惯变得单一且机械，以至于当他终于捡到那块梦寐以求的奇石时，却因为习惯性的动作错失了机会。

这正是习惯的力量。在我们每个人的生活中，都会受到习惯的深刻影响。很多时候，我们的困境、问题，都是因为那些不良习惯的积累。例如，晚睡晚起、做事拖延、抽烟上瘾、懒散等，这些习惯不仅会让我们在人际交往中失去别人的好感，还可能危害我们的身体健康，甚至彻底改变我们的人生轨迹。很多时候，解决困境的关键，往往在于改掉那些有害的习惯。相反，如果我们不改变，问题只会越来越严重，最终陷入无法自拔的深渊。

有一家企业在招工时，对学历、外语、身高、相貌等要求非常高，但薪酬非常丰厚，因此吸引了大量求职者。经过层层筛选，有一批年轻人进入了最后的面试环节。

他们都认为自己已经过关斩将，眼看着就要进入公司工作，因此对最后的总经理面试并未太过在意。然而，事情却在这一环节发生了意想不到的转折。

当他们进入总经理办公室后，总经理突然说道:“抱歉，诸位，我有点急事，得出去10分钟，能不能等我一下？”

求职者们纷纷表示理解，答应等待。总经理一离开，这些年轻人便放松了警惕，开始围着总经理的办公桌四处打量。桌上摆放着一摞文件资料，他们有的翻看，有的随意交换意见。

10分钟后，总经理回来了，他看着这些年轻人，平静地说道:“面试结束了。”

“不会吧？我们还在等您呢！”求职者们一脸疑惑。

总经理轻轻一笑，说道:“我不在的这段时间里，你们的表现就是面试内容。很遗憾，没人被录取。因为我们从不录用那些未经同意就乱翻他人东西的人。这样的行为不仅缺乏教养，也不符合我们的企业文化。”

乱翻别人东西虽非大恶，但这个看似微不足道的细节，足以展现一个人的素质和教养。因为这个小习惯就有可能错失一个重要的职业机会，改变一个人的职业生涯。

这个故事提醒我们，在生活和工作中，细节往往决定成败。习惯的力量无比强大，它影响着我们的决策、行为和未来。因此，我们必须时刻警惕那些可能影响我们发展的坏习惯，并努力去改正，培养那些能够推动我们进步的好习惯。

乱翻别人东西的人，往往缺乏对他人的尊重，这种行为不仅反映了对他人隐私的漠视，也意味着他在工作中不会尊重同事、客户和领导。而缺乏尊重的人，往往无法在职场中取得成功。所以，那些未被录用的年轻人，并不冤枉。这也提醒我们，从思想上要重视自己言行的细节，培养良好的习惯。一个好习惯代表着一种正确的思维方式和积极的性格，它能帮助我们解决问题，创造机会。相反，一个坏习惯代表着错误的思维方式，会暴露出我们性格中的缺陷，它不仅会让我们陷入困境，还可能让我们错失良机。

法国人布封年轻时，生活懒散，沉迷于吃喝玩乐。人们普遍认为，他生活在富裕家庭，习惯了浪荡公子的生活，注定一生碌碌无为。然而，在面对他人的指责时，布封下定决心痛改前非，立志在科学研究领域做出一番成就。尽管人们对他的志向嗤之以鼻，但他没有放弃。

为了实现自己的目标，布封决定首先改掉自己懒散的习惯，尤其是睡懒觉。他要求用人每天早上 6 点前叫醒他，并确保他能真正起床。如果任务完成得好，用人还可以获得额外的小费。

起初布封依然赖床，装病不起，还生气地责骂用人打扰了他的休息。但当他发现自己起床时已经是 11 点，便大发雷霆，责怪用人没有及时叫醒他。经过几次这样的反复后，用人终于采取了强硬措施。

一天早晨，布封又赖在床上，无论如何不肯起来。这时，用人决定采取直接的办法——把一盆准备好的凉水泼进了布封的被窝里。这个办法立刻奏效，布封被迫起床，而且这一做法屡试不爽。

在用人的督促下，布封最终养成了早起的习惯。从那时起，他每天早上 9 点开始工作，直到下午 2 点，之后休息，下午 5 点再开始工作，一直到晚上 9 点。如此坚持了 40 年，年复一年，从未间断。

后来，布封完成了他的科学巨著《自然史》，成为世界著名的作家和博物学家。

改变习惯是痛苦的。我们的习惯是长期养成的，改变它需要时间和毅力。这意味着我们从一个长期熟悉的状态，进入一个完全陌生、可能带来不适的状态，最初我们会感到排斥。这种排斥感往往让我们产生逃避和放弃的念头。那些意志薄弱的人很容易回到原来的状态，只有意志坚强的人，才能坚持下去，直到新的好习惯替代掉旧的恶习。

一旦形成了良好的习惯，我们就有可能像布封一样，突破困境，改变人生。事实上，改变习惯的过程远不止在生活或学习上的小突破，它代表着经过磨砺后的意志力，是一种不屈不挠的精神，这才是破局的关键。

三国时期，吴国君主孙权的名将吕蒙，因小时候家境贫寒，没有机会上学，导致学识有限，见识也不广。有一次，孙权对吕蒙和另一位将领蒋钦说："你们如今担任重要职务，应该多读些书，提升自己的见识，这样才能更好地履行自己的职责。"

吕蒙有些为难地回答："我平时公务繁忙，恐怕没有时间读书了。"

孙权听后耐心开导他说："当年，汉光武帝刘秀即使公务再忙，也总会抽时间读书。我的公务也很多，但只要有空，我就读一些史书和兵书，这对我非常有帮助。我希望你们不要因为公务繁忙而忽视读书，读书是终生的事业。"

吕蒙从孙权的话中受到了启发，从此开始利用一切空闲时间读书。无论公务多忙，他都坚持学习，逐渐积累了丰富的知识，成为一个才学出众的人。

有一次，都督鲁肃带兵经过吕蒙驻地，鲁肃原本认为吕蒙只是一个粗鲁的将领，没什么值得注意的。一个部下建议道："吕将军进步神速，不能只看他过去的样子，应该去看看他现在如何。"于是，鲁肃决定亲自去拜访吕蒙。

吕蒙设宴招待鲁肃，席间，吕蒙问道："都督此次接受重任，和蜀国大将关羽为邻，不知有何打算？”

鲁肃答道：“兵来将挡，水来土掩，到时再说吧。”

吕蒙听后，婉转地提出了批评：“吴蜀虽然结盟，但关羽如猛虎，心怀野心，我们应该提前策划，不可仓促行事。”接着，吕蒙为鲁肃提出了五条战略建议。鲁肃听后，十分佩服吕蒙的见识和学识，深感惊讶。谈话结束时，鲁肃轻拍吕蒙的背，赞道：“以前我以为你只是懂一些军事知识，今天一谈才知道，你的学识如此渊博，见解如此独到。你已经不再是那个吴下的阿蒙了。”

吕蒙笑了笑说：“您过奖了，我这段时间只是读了一些书，增长了点见识，还是有很多不足，还请您以后多多指教。”

从此，鲁肃常常与吕蒙一起讨论国家大事，并十分重视吕蒙的建议，充分认可吕蒙的学识与才能。

后来，孙权也称赞吕蒙：“天下有几人能像吕蒙一样，在年老时仍坚持读书、不断自我提升？一个人若有了富贵荣华，更应看重节义、认真学习、不断提升自己，不能沉溺于财富，唯有如此，才能不堕落。吕蒙是我们的榜样。”

从“吴下阿蒙”到“士别三日，刮目相看”，吕蒙的改变可谓显著。他做的，正是听从孙权的话，改掉不爱读书的坏习惯，养成肯读书、爱读书的好习惯，利用每一分空闲时间读书，拓宽视野，积累知识。可以说，如果吕蒙没有改掉不读书的习惯，他就不会有后来的辉煌战绩，更不可能成为三国时期吴国的股肱之臣。

一个人的辉煌成就，往往源自一个小小习惯的改变。无论一个人当前的处境如何困顿，只要愿意改掉不良习惯，就能摆脱困境，迈向成功。

美国著名作家海明威便是如此，他在写作中有着独特的习惯。他将每天早上的写作视为铁的纪律，无论前一晚多晚才入睡，第二天早上他都会强迫自己醒来，走到写字台前，先重读一遍已完成的部分，帮助自己重新融入情节之中。接着，他会站着开始写作。

正是凭借这样的习惯，海明威成功创作出了《永别了，武器》、《丧钟为谁而鸣》和《老人与海》等优秀作品，并于 1954 年获得诺贝尔文学奖。

当记者问他为何要站着写作时，海明威笑着回答：“这种姿势让我保持紧张状态，促使我尽量简洁地表达我的思想。”

海明威的文字简洁有力、直击人心，这不仅源自他的才华与深邃的思想，更得益于他通过站立写作的习惯，迫使他在创作过程中去繁就简，回归本真。

类似的例子还有东汉孙敬悬梁苦读的故事，以及战国苏秦刺股以求学的典故。所有这些名人的成功，都是内在驱动力外化后，自然形成的习惯，通过这些习惯，他们逐步摆脱困境，走向了辉煌。

要与众不同，要成就非凡，就必须拥有与众不同的决心，并通过长期的行动贯彻这一决心，即养成良好的习惯。

德摩斯梯尼是古雅典著名的雄辩家和政治家，他的传奇经历至今为人称道。在雅典这个雄辩术高度发达的城市，无论是在法庭、广场，还是公民大会，演说者都需要具备丰富的经验和极高的素质。每一个不恰当的用词，每一个不美观的手势，甚至一个小小的动作，都可能引发听众的讥讽与嘲笑。

然而，德摩斯梯尼天生口吃，嗓音微弱，且有耸肩的坏习惯。对于常人而言，他似乎完全没有当演说家的天赋。的确，他最初的政治演说，由于发音不清、论证无力，曾多次被听众轰下讲坛。在当时的雅典，出色的演说家必须具备洪亮的嗓音、清晰的发音、优美的姿势以及卓越的辩才。

然而，德摩斯梯尼没有放弃。他为了成为卓越的演说家，付出了远超常人的努力，进行了刻苦的学习与训练。据说，他抄写了八遍《伯罗奔尼撒战争史》；他向著名演员请教发音技巧；为了改进发音，他常常含着小石子朗读，面对大风和波涛练习讲话；为了改掉气短的毛病，他一边攀登陡峭山路，一边吟诵诗篇；他还在家中装了大镜子，每天对着镜子练习演说；为了解决耸肩的坏习惯，他在肩上挂上剑，每天强迫自己保持正确的姿势。

经过近 10 年的不懈努力，德摩斯梯尼终于克服了自身的缺点，成了雅典最具雄辩能力的演说家。他从一个天生口吃、嗓音微弱的人，蜕变为一位雄辩之士，将自己的弱点转化为最强的优势。

与德摩斯梯尼相比，许多人在生活、学习和工作中充满了散漫、懒惰。这些不良习性通常通过日常的行为习惯表现出来。想要获得成功，首先要从改变这些习惯做起。

同样的道理也适用于企业。对于一个企业来说，企业的制度和文化就是衡量企业习惯好坏的标准。而企业执行这些制度的方式和程度，实际上就是习惯是否已经养成的体现。具体来说，企业的规章制度，是否由负责人践行？负责人做到了，管理层是否做到了？管理层做到了，中层是否做到了？中层做到了，基层是否做到了？正如古人所说，“上行下效”，这正是一个企业文化和执行力的重要体现。

美国的开国元勋本杰明·富兰克林曾养成一个习惯：每天晚上回顾当天的经历。通过不断总结，他发现自己存在 13 个严重问题，例如浪费时间、为小事烦恼、总与人争论等。富兰克林意识到，除非减少这些问题的发生，否则很难取得成就。于是，他决定每周专注于改掉一个坏习惯。他会选出一个坏习惯用一周时间进行努力改正，并记录每天的进展。下周，他会挑选另一个坏习惯继续挑战。

这种每周克服一个坏习惯的过程持续了两年多，随着时间的推移，他身上的不良习惯逐渐减少。最终，富兰克林成为美国历史上最受敬重且影响深远的人物之一。

富兰克林真正做到了知行合一。他通过自省不足，并通过科学的方法和合理的计划有效地克服了这些问题，最终取得了显著成效。他的做法简单且实用，值得我们每个人反思与借鉴。

美国注册会计师托马斯·科里曾进行了一项研究，目的是探究为何富人富、穷人穷。他花了整整五年时间，采访了 233 名白手起家的富翁和 128 位穷人。通过对比他们的生活，科里发现，富人之所以富有，归根结底是因为他们养成了许多良好的习惯，而这些习惯穷人不具备。

科里发现，24 小时里，大多数人会在工作、睡觉、饮食和移动等日常事务上花费 1200 分钟。也就是说，富人和穷人之间的区别，往往在于短短的 240 分钟。正是这 240 分钟内的习惯，决定了两类人不同的命运。

科里进一步发现，在这 240 分钟里，88% 的富人每天至少阅读 30 分钟，穷人则大部分用于娱乐。正是每天的小习惯，逐渐拉开了人与人之间的差距。

很多时候，人并不是因为优秀了才开始培养好习惯，而是因为拥有了好习惯，才变得越来越优秀。同样，许多人并不是因为天生恶劣才养成坏习惯，而是因为坏习惯的积累，才逐渐变得恶劣，陷入困境。

因此，若想走出困境，首先从改变自己的坏习惯开始吧！

“注意你的思想，因为它将变成言辞；注意你的言辞，因为它将变成行动；注意你的行动，因为它将变成习惯；注意你的习惯，因为它将变成性格；注意你的性格，因为它将决定你的命运。”

改变环境

到底是环境造就了我们，还是我们影响了环境？这是一个没有明确答案的问题。可以说，两者互为因果，相互作用。然而，有一点是可以确定的：如果我们能够在力所能及的范围内，积极改变周围的环境，那么我们就有可能迎来转机。

孟子的母亲，孟母，是古人所称赞的贤母之一。孟子小时候，家住在墓地附近，这样的环境让他不时接触到祭祀和丧葬之类的活动，还和伙伴们一起玩祭拜的游戏。孟母看在眼里，心生忧虑，认为这样的环境不利于孩子的成长。于是，她决定搬家。她首先将家搬到了集市旁，孟子开始接触到买卖和屠宰的场景。孟母再次觉得这里不适合孩子成长，又把家迁到了学宫旁。终于，在这个充满学问与秩序的环境中，孟子得到了良好的教育，学到了礼节，也懂得了秩序。

孟母三迁，虽然搬迁的只是家，但她的用心在于为孟子选择一个适合成长的环境。每次迁徙都是为了避免不适合的环境影响孟子的成长，直到找到一个有利于他发展的地方。最终，孟子在合适的环境中茁壮成长，成为一代大儒。

正如常言道："树挪死，人挪活。"人是极具适应力的生物，环境对我们的影响巨大。当我们面临挫折和困境时，固守现状未必能够改变局面，这时，换个环境往往能带来新的希望。

北宋著名政治家与文学家王安石有一篇传世名作《伤仲永》，讲述了一个耐人寻味的故事。

金溪有个叫方仲永的孩子，家中世代以耕田为生。方仲永五岁时，尚不认识书写工具，某天他突然哭着要这些东西。父亲感到十分惊讶，但还是从邻居那里借来了纸笔。方仲永立刻写下四句诗，并署上自己的名字。诗的内容讲述赡养父母和团结宗族的道理，乡里的秀才们阅读后，都认为写得不错。

从此，方仲永只要被要求作诗，总能立即应对，诗的文采和道理都令人赞赏。县里的人们对此感到惊奇，渐渐地，以宾客之礼对待他和父亲。甚至有些人花钱请他作诗。渐渐地，方仲永的父亲认为这是一门生意，于是带着他四处拜访，不再让他继续学习。

王安石早已听说过方仲永的事。北宋明道年间，他随父亲回到家乡，在舅舅家见到了已经十二三岁的方仲永。王安石让他作诗，但他写出的诗远不如昔日的佳作。七年后，王安石从扬州回来，再次去舅舅家，询问方仲永的近况。舅舅叹道："他的才能消失了，现在已经和普通人没什么区别了。"

于是，王安石感叹道：方仲永的聪慧是与生俱来的。他的天赋超凡，远胜于一般有才能的人，但最终成了一个平凡的人。原因在于，他没有得到足够的后天教育。即使是这样一个天资出众的孩子，因缺乏适当的培养，也未能成就非凡。那么，那些天资平庸的人，如果同样缺乏后天的教育，恐怕连成为平凡人都很难。

方仲永从天赋异禀到泯然众人，原因之一就是环境的影响。他与孟子命运的差异，源于他的父亲忽视了环境的作用。孟母三迁，为的是给孟子创造一个有利的成长环境，而方仲永的父亲却选择消耗孩子的天赋，最终葬送了他的才华。

人往往在不知不觉中受到环境的影响，而这个环境可能是积极的，也可能是消极的。如果一个人生活在混乱不堪的环境中，他很可能难以养成条理清晰的习惯；如果一个人从小被书籍包围，那么他长大后不会成为文盲。因此，改变环境往往能带来自我改变。

秦朝丞相李斯，是辅佐秦始皇统一六国、建立秦朝的关键人物之一。然而，年轻时的李斯不过是一名小吏。他的转变，源于一次如厕的经历。

当时，李斯二十六岁，担任楚国上蔡郡府一个看守粮仓的小文书，负责登记粮仓中存粮的进出。日子一天天过着，虽然没有浑浑噩噩，但李斯也并未意识到有何不对。直到有一天，他去仓外的厕所如厕。刚一进入，便惊动了一群老鼠。它们瘦小、脏乱，毛色灰暗，令人作呕。

李斯望着这些厕所中的老鼠，突然想到了粮仓里的老鼠。那些粮仓中的老鼠，个个肥硕油亮，日子过得逍遥自在。相比之下，厕所里的老鼠显然活得更为艰难。李斯心头一震，顿生感悟："人生如鼠，不在仓则在厕。位置不同，命运也大相径庭。"

李斯意识到，自己在上蔡小小的仓库工作已有八年，从未见过外面的世界，就如同这些厕所里的老鼠，浑浑噩噩，苦苦挣扎，却不知道粮仓中的生活。于是，他决定改变自己的命运。第二天，他离开上蔡，投奔了儒学大师荀况，开始了追求更广阔天地的旅程。

二十多年后，李斯终于成为秦朝的丞相，安居在咸阳城。

李斯的"换一种活法"，本质上就是换一个环境。"人往高处走，水往低处流。"许多人因长期处于同一个环境而习惯成自然，甚至对自己的处境缺乏清晰的认知。

要想改变环境，首先要认清环境。这需要我们主动探索、获取更多信息，并通过横向和纵向的比较，对自身现状形成清醒的认识，进而明确未来的方向。

唐朝时期，有一位小和尚自幼在寺院出家，每天清晨担水、劈柴、打扫寺院。完成早课后，他还要翻越两座山，前往后山的市镇采购寺中所需。他勤勉刻苦，日复一日，十年如一日。

一天，小和尚与同门闲聊时，惊讶地发现，其他和尚的日子轻松许多。他们偶尔下山买东西，也只是去山前的市镇，路途平坦，所买之物轻便。而自己十年来却总被安排走更远、更难走的路，背负更重的物品。

带着疑问，小和尚去请教方丈：“为什么别人可以自在修行，而我总是辛苦劳作？”

方丈只是低吟一声佛号，并未作答。

次日中午，小和尚扛着一袋大米翻山归来，看到方丈正站在后门等他。方丈带他走到寺院前门，静坐不语。日已偏西，几个小和尚才悠悠然地沿着山前的小路返回寺院。他们见到方丈，顿时愣住。

方丈睁开眼问：“我一早让你们去买盐，路近且平坦，为何回来得如此之晚？”

几个小和尚面面相觑，答道：“师父，我们路上说说笑笑，看看风景，不知不觉就晚了。十年来一直如此。”

方丈又转向身旁的小和尚：“后山路途遥远，山路崎岖，你还扛着重物，为何回来得更早？”

小和尚答：“我一心想着早去早回，肩上的重担让我更加专注前行，久而久之，已养成习惯，眼里只有目标，而无关道路的艰险。”

方丈闻言大笑：“路越平坦，心越容易迷失；唯有走过坎坷，方能磨炼心志。”

几个月后，寺院举行考核，从体力、毅力到知识、悟性，面面俱到。因十年磨砺，小和尚脱颖而出，被选拔去执行一项特殊的使命。

这个小和尚，正是著名的玄奘法师。后来，在西行取经的路上，他翻越雪山，穿越沙漠，虽水阻山隔、艰险重重，却始终不曾退缩，最终带回珍贵的佛经，成就了一番伟业。

这是一个富有寓意的励志故事，虽非史实，却引发了人们对环境与成长关系的深思。

同样的寺庙，同样的师父，童年的玄奘之所以走上不同的人生道路，正是因为方丈在有意无意间为他安排了一条与众不同的修炼之路。这条路坎坷不平，磨炼身心，却也塑造了他坚定不移的意志和卓越的毅力。

孟子说："生于忧患，死于安乐。"很多时候，困境的根源并非外部世界，而是我们所处的环境太过安逸。舒适让人安于现状，逐渐忘记初心，丧失忧患意识，进而变得懒惰、脆弱、迟钝。一旦安逸的环境发生变化，我们便可能无所适从，甚至陷入危机。

改变环境并不意味着一味追求更好、更舒适的条件。有时，真正的改变，是主动走向挑战，在困境中锤炼自己，让内心变得更强大。唯有如此，当真正的困难降临时，我们才能从容面对，拥有解决问题的能力。

位于河南省林州市的红旗渠，是一条人工修建的灌溉渠。林州地处河南、山西两省交界，历史上长期遭受严重干旱。据史料记载，从明朝正统元年（1436 年）到新中国成立（1949 年）的 514 年间，当地发生自然灾害百余次，其中大旱绝收三十多次。部分年份甚至连续干旱，导致河流干涸、井水枯竭，庄稼颗粒无收。史料和民间传说中均提及，林州曾有五年因干旱严重，出现“人相食”的惨痛状况。

历代官员曾试图修建水利工程缓解缺水困境。元代山西潞安知府李汉卿主持修建天平渠，明代林州知县谢思聪组织开凿谢公渠。然而，这些工程仅能惠及部分村庄，无法从根本上改变林州缺水的局面。当时，全县耕地总面积 98.5 万亩，但可灌溉农田仅 1.24 万亩，粮食产量极低，百姓生活异常艰难。

1949 年，林州全境解放后，县政府陆续兴建水利设施，缓解了部分用水难题。1957 年起，林州先后建成英雄渠、淇河渠和南谷洞水库等工程。然而，由于水源有限，仍无法满足大规模农田灌溉的需求。1959 年，林州遭遇罕见大旱，境内四条河流全部断流，原有水渠无水可引，水库干涸见底，山村百姓不得不远途取水维生。

经过多次研究论证，林州要想彻底解决缺水问题，必须寻找稳定可靠的水源，并修建水渠引水入境。然而，林州境内并无足够的水源，县委最终将目光投向了林州之外——水量充沛的浊漳河。

1959 年 10 月 10 日，林州县委召开会议，正式决定引浊漳河水入林，并提出了“重新安排林州河山”的号召。时任中共林州县委书记杨贵带领团队深入研究引水工程。经过豫晋两省协商，并经国家计委委托水利电力部批准，工程计划于 1960 年 2 月正式开工。然而，当时正值三年严重困难时期，林州全县仅有 150 亩耕地、300 万元储备金和 28 名水利技术人员，建设条件极为艰难。

1960 年 2 月，林州人民正式开启引漳入林工程。同年 3 月 6 日至 7 日，在盘阳村召开的全体会议上，这一伟大工程被正式命名为“红旗渠”。

经过 10 年艰苦奋战，1965 年 4 月 5 日，红旗渠总干渠通水；

1966年4月，三条干渠同步竣工；1969年，干、支、斗渠配套建设完成，标志着以红旗渠为主体的灌溉体系基本建成。灌区有效灌溉面积扩大至54万亩。同年7月，整个红旗渠工程全面竣工，这一壮举彻底改变了林州的水利格局，成为中国水利建设史上的伟大奇迹。

在这10年间，林州人民凭借最简单、最原始的工具，在太行山的悬崖峭壁间顽强拼搏，削平了1250个山头，凿通了211条隧道。该工程自山西省平顺县石城镇起步，红旗渠蜿蜒1500千米（总干渠、干渠、支渠和斗渠的总长度），将浊漳河水引入林州大地，彻底改变了这片土地的命运。

如果说“愚公移山”是传说，尚且让人存疑，那么林州人民修建红旗渠的壮举，就是现实版的“愚公移山”，他们用汗水和意志书写了一部人定胜天的传奇。

1974年4月6日，中国代表团出席联合国大会特别会议。在这次联合国大会上，中国代表团专门携带了10部关于新中国社会主义建设取得巨大成就的纪录片。当时播放的第一部纪录片就是《红旗渠》。参会的各国代表看完此片无不震惊和感动。一些外国政要和水利专家还特意找到中国代表团询问修建的细节和相关技术难题。

因为对于红旗渠这样的工程来说，在当时的条件下，即使是先进的西方发达国家也几乎难以完成。世人无不感叹，中国到底用了什么“魔法”，能够在悬崖峭壁上修建出一道“天渠”。

美联社则更为直接地评论：“红旗渠的人工修建，看后令世界震惊。”的确，红旗渠的修建本身就是一个奇迹。它被称为“人工天河”，更被誉为“世界第八大奇迹”。

面对恶劣的环境，难道我们只能束手无策，坐以待毙吗？林州人民给了我们答案。他们所面临的已经不能称为困境，而应当是绝境。但他们通过集体的力量，通过不懈的努力，最终改变了环境，从而走出了绝境。

一个人，一个家庭，一个企业，都会在成长和发展的过程中遭遇相对恶劣的客观环境。如果因此放弃尝试，放弃努力，那么结局就是走向衰落。如果积极地去尝试改变环境，那么就有可能涅槃重生。

人类之所以能够走到今天，除了因为我们懂得适应环境和利用环境，更因为我们还可以改变环境。这是我们的能力，充分地运用它，它便会帮助我们走出困境。

由量变到质变

“冰冻三尺，非一日之寒”“水滴石穿，非一日之功”。一滴水的力量微不足道，但加上夜以继日的坚持，就可以击穿坚硬的石头。

水变成水蒸气，需要加热。持续将水加热到100摄氏度的过程，就是一个量变的过程。而温度达到100摄氏度时，水终于变成水汽，这就是质变。

绝大多数时候的破局而出，依靠的就是改变和时间相叠加。哪怕这个改变看起来微不可察，但加上时间积累，就会变得不凡，二者缺一不可。

下定决心做出改变，就应该相信改变的力量，不能急于求成，更不能因为暂时没有看到变化就放弃。“不积跬步，无以至千里；不积小流，无以成江海。”每一次成功、一次突破，看似突然而至，其背后都凝结了无数个日夜的拼搏和尝试。

晋代书法家王献之小时候请父亲传授书法秘诀，其父王羲之没有正面回答，而是指着院里的十八口水缸说：“秘诀就在这些水缸中。你把这些水缸中的水用完就知道了。”

王献之心中不服，认为自己年纪虽小，字却已经写得很不错了。他下定决心更加努力练习基本功，好让父亲刮目相看。

于是王献之天天模仿父亲的字体，练习横、竖、点、撇、捺，就这样足足练习了两年，才把自己写的字给父亲看。父亲笑而不语。母亲在一旁说：“有点像铁划了。”

王献之又练了两年各种各样的钩，将字交给父亲看。父亲还是不言不语。母亲说："有点像银钩了。"

王献之这才开始练完整的字，又足足练了四年，才把写的字捧给父亲看。王羲之看后，在儿子写的"大"字下面加了一点，成了"太"字。因为他嫌王献之写的"大"字架势上紧下松。母亲看了王献之写的字，叹了口气说："我儿练字三千日，只有这一点像你父亲写的。"王献之听了，这才彻底折服。从此，他更加下功夫练习写字。

王羲之看到儿子用功练字，心里非常高兴。一天，他悄悄地走到儿子的背后，猛地拔他执握在手中的笔，却没有拔动。于是他赞扬儿子道："此儿后当复有大名。"知道儿子写字时有了手劲，王羲之便开始悉心培养他。

后来，王献之真的用完了十八口缸中的水，与他的父亲一样，成了著名的书法家。

这一故事告诉我们，这个世界上不存在没有积累的质变，就像不存在空中楼阁一样。量变是质变的基础和前提，一切知识、技巧也都是从低级向高级慢慢发展的。一个没有学过基础数学的人，是不可能去研究高等数学的。而当他面对高等数学的难题时，最好的也是最扎实的方法，就是从最基础的知识学起。所以，当我们面对困境束手无策时，有可能是因为它的难度超出了我们目前的能力范围。那么我们所要做的，就是耐心地从最基本的开始，一点点地积累，直到自己具备解决复杂问题的能力。

1867 年的巴黎世博会上，展示了跨越大西洋的电缆，这是标志着电报走向全世界的里程碑。

而在这之前的 1866 年 7 月，跨越大西洋的海底电缆已铺设成功，实现了欧美大陆“一线牵”。巴黎世博会上展出了大西洋海底电缆的标本、设施、制造工艺和铺设过程。最终，评委会把金奖授予了“大西洋电缆之父”菲尔德。他在近 13 年里“屡败屡战”的故事也被广为传颂。

菲尔德原本是美国的造纸业批发商，但他预见到电报的价值和意义。一次，加拿大铺设从纽芬兰到新斯科舍海底电缆的新闻，激发了菲尔德铺设大西洋电缆的雄心。

从世界地图上看，英国的爱尔兰和加拿大的纽芬兰是欧美大陆距离最近的地方，相隔约 3200 千米。1853 年美国军舰“道芬”号勘测出这片水域之下是一片高原，最深处不到 3.2 千米，海床舒缓平坦。菲尔德认为，在大西洋中再难找到这样天造地设的海底电缆通道。而此时，马来西亚古塔橡胶的问世则为铺设水下电缆提供了最佳的绝缘材料。

1857 年，菲尔德定制了 2500 海里的电缆。这些电缆由 7 根铜线制成的内芯来负责传递信号，中间由 3 层古塔橡胶包裹绝缘，外层是 18 根钢缆扭结成的“盔甲”，总重量超过 4000 吨。

当时世界上没有任何船只能承载得了这根“万里长缨”。于是美国政府和英国政府分别派出各自最大的军舰——5200 吨的“尼亚加拉”号和 3100 吨的“阿伽门农”号来分别承载一半的电缆。1857 年 8 月 5 日，两舰在盛大的欢送仪式中驶出爱尔兰的瓦蓝提亚湾，向纽芬兰进发，但仅铺设了 410 千米，电缆便突然断裂。首次出师无功而返。

1858 年 6 月，菲尔德重整旗鼓并改变方案，让两舰先在北纬 52°、西经 33.8° 的大西洋中点会合，接好电缆后分别向各自的目的地铺设，直至返回各自港湾。不料其间遇到特大风暴，“阿伽门农”号几乎沉没。两舰从会合点分手仅两天后电缆便又一次断裂丢失。

菲尔德不屈不挠，一个月后又组织了第三次出征。1858 年 8 月 4 日，终于传来大功告成的消息。8 月 16 日，英国女王维多利亚通过海底电缆向美国总统布坎南发去贺电。纽约鸣炮 100 响，全城张灯结彩、焰火齐放。“尼亚加拉”号上剩余的电缆被裁成一个个小段销售一空。

然而好景不长，几个星期后大西洋电缆信号便日渐微弱以致完全中断。顿时舆论哗然，菲尔德一夜之间从英雄变成了“骗子”。而他只能无力地辩解：“我的电缆没有死，它只是睡着了。”

英国为此成立了由 7 名科学家组成的调查委员会。经过两年极其严谨求实的分析，委员会提交了一份详尽的报告。报告指出，除了菲尔德急于求成、试验不够充分外，主要责任在于首席电子专家惠斯通的设计错误。3200 千米的海底电缆在莫尔斯电码发送中的巨大阻抗使信号严重衰减和延迟。英国女王致美国总统的贺电共计 99 个字，却耗时 16 个小时。而惠斯通的解决方案是不断提高电压，最终升至 2000 伏以上，结果击穿了电缆绝缘层。

当所有人都以为菲尔德会放弃时，他却开始了新的尝试。其间，他遭遇了美国内战爆发、世界经济萧条、自己的公司濒临倒闭的困境。最困难的时候，他将自己在教堂的席位都做了抵押，但他一天也没停止过为重启大西洋电缆项目奔忙。

当排水量数倍于“尼亚加拉”号的“大东方”号开始建造时，菲尔德曾到船坞参观。设计师布鲁奈尔戏言道：“将来为你铺设电缆的，莫非就是这艘船？”不想日后果然应验。与此同时，科学家汤姆逊发明了镜式检流计，能通过导线上小镜片细微转动的光学放大功能，读出衰减 1000 倍的信号。这又为海底电缆的信号传递提供了技术保障。

1865 年 7 月 30 日，此时已经建成的“大东方”号独自装载着 4400 千米的电缆从爱尔兰拔锚起航，开始了又一次尝试。然而在距离终点纽芬兰只有 965 千米的地方，电缆因质量问题再次断裂。这次出征功败垂成，两个星期的努力最终一无所获。

1866 年 7 月 13 日，“大东方”号装载着经过改良的电缆再次发起冲击，这次终于一举架设成功。7 月 27 日电缆开通，随后一年前丢失的电缆被捞起，使大西洋电缆成为双线，传输速度比 1858 年快了 50 倍。

胜利的那一刻，菲尔德钻进自己的船舱里号啕大哭。有媒体将菲尔德称为“当代哥伦布”。为了完成大西洋电缆，他曾经四年未回家，先后跨越大西洋 30 多次。英国著名科幻作家克拉克称，大西洋海底电缆的铺设成功，意义不亚于将人类送上月球。

将近 13 年的努力尝试，一次又一次的失败，菲尔德原本可以在任何一次失败后选择放弃，但他没有。他不断地修正错误，不断地转换方法，不断地寻找出路。他的成功不是偶然，而是他不断尝试和努力后的必然。

我们只要坚定地做出改变，不轻言放弃，加上时间的力量，那么就能够像菲尔德一样做出在常人看来几乎不可能完成的事情。

每天背 5 个单词，一年下来就是近 2000 个单词，三年后就是近 6000 个单词，这个词汇量足以读懂英文报刊；每天少抽一根烟，一年就少抽了 365 根烟，不但节约了金钱，还会减少对身体的损害；每天节省半小时用来钻研自己的兴趣爱好，那么一年下来就有将近 200 个小时在专注一件事情，这足以让一个门外汉在一个全新的领域站稳脚跟。所以，不要小看一点点改变，只要坚持，它的力量会远远超出我们的想象。

在印度有一个古老的传说。

古印度的舍罕王打算重赏国际象棋的发明者，宰相达伊尔。达伊尔跪在国王面前，提出了自己的请求："陛下，请您在棋盘上第一个小格里放一粒麦子，第二个小格里放两粒麦子，第三个小格里放四粒麦子，以此类推，直到填满整个棋盘。这就是微臣想要的奖赏。"

国王一听，觉得这样的要求实在太过简单。但既然达伊尔如此要求，国王便下令，命令仆人们扛来一袋麦子。本以为绰绰有余，可是还没填满十格就不够了。之后，一袋又一袋的麦子被扛过来，但距离填满棋盘依然遥遥无期。

最后，国王不得不承认，倾全国之麦粒也无法满足达伊尔的请求。

一颗麦粒，小之又小，少之又少。但按照达伊尔的方法，就这样累积下去，却能变成无穷无尽。

我们还可以举一个更为直观的例子。我们将自己一天的努力比作数字"1"。如果我们每天都比前一天多努力一点，就看作"1.01"，而每天都比前一天少努力一点，就当成"0.99"。那么按照"1.01"和"0.99"这两个状态各自持续一年，会出现什么样的结果？很简单，0.99 的 365 次方是 0.0255，而 1.01 的 365 次方是 37.78。也就是说，一年之后，一个每天都努力一点点的人，会挖掘出自己想象不到的潜能，获得飞速的成长；而一个每天都懈怠一点点的人，最终得到的东西会无限趋近于 0，也就是一无所获。

英国著名作家狄更斯，平时很注意观察、体验生活。无论严寒酷暑，他每天都坚持到街头去观察和聆听，记下行人的只言片语，从而积累了丰富的生活素材。正因为这样，他才能在《大卫·科波菲尔》中写下精彩的人物对话和描写；在《双城记》中留下逼真的社会背景描写。正是这些细小的积累，使他成为一代文豪，取得了文学事业上的巨大成功。

再让我们来看看“杂交水稻之父”袁隆平先生的经历。

1953 年 8 月，袁隆平毕业于西南农学院农学系，之后服从全国统一分配，到湖南省怀化地区的安江农校任教，同年被分配到偏远落后的湘西雪峰山麓安江农校教书。

1960 年 7 月，袁隆平在农校试验田中意外发现一株特殊性状的水稻。他利用该株水稻试种，发现其子代有不同性质。因为水稻是自花授粉的，不会出现性状分离，所以他推论这株水稻为天然杂交水稻。随后他把雌雄同蕊的水稻雄花用人工去除，授以另一个品种的花粉，尝试产生杂交品种。

1961 年春天，袁隆平把这株变异株的种子播种到创业试验田里，结果证明了 1960 年发现的那株“鹤立鸡群”的植株，确实是天然杂交稻。虽然袁隆平当时只是一个安江农校的普通教师，但面对当时的严重饥荒，他下定决心从事杂交水稻的试验，用农业科学技术解决饥饿问题。

1964 年 7 月 5 日，袁隆平在试验稻田中找到一株“天然雄性不育株”，经人工授粉，结出了数百粒第一代雄性不育株种子。

1964 年到 1965 年，袁隆平与科研小组在稻田进行杂交育种试验，后在稻田里找到了 6 株天然雄性不育的植株，经过两个春秋的观察试验，对水稻雄性不育材料有了较丰富的认识。

1965 年 7 月，袁隆平又在安江农校附近稻田的南特号、早粳 4

号、胜利籼等品种中逐穗检查14000多个稻穗，得到6株不育株。经过连续两年春播与秋播，共有4株成功繁殖了1~2代。这个研究结果彻底推翻了米丘林、李森科的传统经典理论“无性杂交”学说，并推论出水稻亦有杂交优势，通过培育雄性不育系、雄性不育保持系和雄性不育恢复系的“三系法”途径来培育杂交水稻，可以大幅度提高水稻产量。

1966年6月，水稻雄性不育试验被迫中断。

1967年4月，袁隆平起草《安江农校水稻雄性不孕系选育计划》，呈报省科委与黔阳地区科委。

1968年4月30日，袁隆平将珍贵的700多株不育材料秧苗，插种在安江农校中古盘7号田里，面积为133平方米。然而5月18日晚上，中古盘7号田的不育材料秧苗全部被人为拔除毁坏，成为至今未破的谜案。袁隆平心痛欲绝，事发后第四天才在学校的一口废井里找到残存的5根秧苗。他继续坚持试验。

1971年春，湖南省农业科学院成立杂交稻研究协作组，袁隆平调到省农业科学院杂交稻研究协作组工作。

1973年，协作组通过测交找到了恢复系，攻克了“三系”配套难关。10月，袁隆平在苏州召开的水稻科研会议上发表了《利用“野稗”选育三系的进展》的论文，正式宣告中国籼型杂交水稻“三系”已经配套。

1975年，袁隆平攻克了“制种关”，成功摸索总结出制种技术。在党和国家的大力支持下，全国有19个省市（自治区、直辖市）先后组成科研协作组，开展群众科学实验，成功地培育了杂交水稻。

1976年，杂交水稻成功推广。

1977 年，袁隆平发表了《杂交水稻培育的实践和理论》与《杂交水稻制种与高产的关键技术》两篇重要论文。

2010 年 3 月，袁隆平团队和张启发团队合作，共同研究转基因水稻。在合作交流会上，袁隆平称，为了消除公众对转基因抗虫稻米安全性的顾虑，他愿意作为第一个志愿者来试吃。

2017 年 9 月，在国家水稻新品种与新技术展示现场观摩会上，袁隆平宣布了剔除水稻中重金属镉的新成果。

2020 年 6 月，袁隆平团队在青海柴达木盆地盐碱地里试种的高寒耐盐碱水稻（又称海水稻）取得成功。

作为我国首届国家最高科学技术奖得主、“共和国勋章”获得者、“杂交水稻之父”，袁隆平先生的一生只做了一件事：就是坚持不懈地研究和发展杂交水稻，改变和创新水稻的栽培技术。他用半个世纪的时间，创造了科技奇迹，为解决中国人民甚至世界人民的粮食问题做出了重大贡献。

袁隆平先生用自己一生的经历，告诉了我们一个道理：一生，只要专注一件事，就足以凝聚出巨大的能量。而这种能量，会带领我们改变自己，去克服一切困难，走出一切困境、绝境，直至成功。

PART3

逻辑破局三：善用逆向思维

逆向思维是一种能力，它能让人以不同的角度看待问题，寻找非传统的解决方案，或者发现隐藏的机会。逆向思维并不可怕，相反，它可以带来创造力，推动创新和进步。

逆向思维的人具有独特的观察力和洞察力，他们能够看到问题背后的本质，挑战传统的思维模式，并提出新的思考方式。他们敢于追求不同的道路，勇于尝试新的方法，这使他们在解决问题时具有独特的优势。懂得逆向思维的人常常给人带来惊喜和震撼，有时甚至让人感到不可思议。

别在同一面墙上撞得头破血流

思维定式就像慢性毒药。只有真正拥抱变化，主动创造变化，我们才能不断突破自我。思路决定出路，格局决定结局。

顾炎武是我国明末清初的著名思想家，他在《日知录》一书中，讲述了这样一个故事。

洛阳有一位钱思公，是一个大富豪，不过，尽管拥有无数钱财，他却生性节俭，不喜欢挥霍浪费。钱思公有好几个儿子，都已长大成人，除了逢年过节之外，很难从钱思公那里得到零花钱。

钱思公喜欢收藏，他曾经历尽千辛万苦觅得一个笔架。这个笔架是用珊瑚做成的，造型独特，雕工精细，非常珍贵，他视若珍宝，日日赏玩。当笔架丢失，他就会心绪不宁，坐卧不安，甚至悬赏一万枚钱寻找笔架。

钱思公的几个儿子发现了这一点后，就找到了“赚钱”的门路：谁手头上没钱了，就会偷偷地把父亲的笔架藏起来，等钱思公悬赏一万枚钱时，再把笔架拿出来，说是从外面的小偷那里追回来的，轻松获得赏金。

这一伎俩屡试不爽，每年发生六七次。

这个故事听起来有些令人难以置信：世界上怎么会有这么傻的人呢？

事实上，类似的事情在我们的生活中并不少见，这就是一种典型的思维定式。钱思公之所以会被他的儿子们愚弄，是他头脑里的思维定式在作怪。他心爱的珊瑚笔架一次又一次地失而复得，在他的头脑中已经逐渐形成了思维定式：“笔架很值钱，小偷总想偷走它。只要我悬赏，儿子们就能找回。”由此可见，思维定式害人不浅。

美国心理学家邓克尔通过研究发现，人们的心理活动常常会受到一种所谓“心理固着效果”的束缚，即我们的头脑在筛选信息、分析问题、做出决策时，总是自觉或不自觉地沿着熟悉的方向和路径进行思考，而不善于另辟新路。这种熟悉的方向和路径就是“思维定式”。

法国科学家法布尔曾做过一个著名的毛毛虫试验。他把若干毛毛虫放在一个花盆的边缘，首尾相连，围成一圈，并在花盆周围不到 15 厘米的地方撒了一些毛毛虫最爱吃的松针。毛毛虫开始一个跟着一个，绕着花盆一圈又一圈地走，一小时过去了，一天过去了，又一天过去了，毛毛虫们还是不停地围绕花盆在转圈，一连走了七天七夜，最终精疲力竭而死。

还有一些科学家发现，在梭鱼的身上也存在同样的僵化思维。一般而言，梭鱼会捕食在它附近游泳的鲦鱼。在实验中，研究者们把一个装有几条鲦鱼的无底玻璃钟罐放入装有一条梭鱼的水箱中。这条梭鱼看到罐子里的鲦鱼后，马上向它们发起了攻击，没想到却狠狠地撞到了玻璃壁上。梭鱼不服气，继续攻击，却连连失败。经过几次惨痛的失败之后，它选择了放弃，并完全忽视了鲦鱼的存在。科学家们把玻璃钟罐拿走后，鲦鱼们自由地在水中游动，然而，即使它们游过梭鱼鼻子底下，梭鱼也不会进攻，因为它已经陷入了一个建立在错误信念基础之上的“死结”。

毛毛虫和梭鱼的故事告诉我们，思维定式就像慢性毒药。

其实，不只是毛毛虫和梭鱼会陷入思维定式，人也不例外。很多人都会犯同一个错误——在同一面墙上撞了又撞，直到撞得头破血流。这是因为，人一旦形成了思维定式，就会习惯性地顺着定式的方向思考问题，这就好比走上了一条不归路，只会“一条路跑到黑”，不愿也不会转个方向、换个角度想问题。比如魔术表演，正是利用人们的思维定式。人奇迹般地从扎紧的袋子里出来，我们习惯于想他是怎么从布袋扎紧的口钻出来的，而不会去想其实布袋下面也可以做文章，比如在袋子下面装个拉链。

我们人生中最大的敌人，就是无处不在的思维定式，其表现有很多：

1. 推卸责任

失败之后推卸责任。生活中，这样的人随处可见，他们失去了自己的责任感，只有别人要求他们工作时才会工作，他们从来没有真正考虑过自己身上到底有多少潜能。这样的人永远不可能领略人生的精彩。

习惯性推卸责任，往往来自骨子里对失败的恐惧，所以会用逃避的方式来掩饰自己内心的脆弱。责任，究其本质，是每个人与生俱来的一种使命，它贯穿了每一个生命的始终。只有那些勇于承担责任的人，才有可能被赋予更多的使命，才有资格赢得更大的荣誉。一个缺乏责任感、不负责任的人，失去的不只是社会对他的基本认可，也失去了别人给予他的信任与尊重，甚至失去了生活在这个世界上的安身立命之本——信誉和尊严。

清醒地意识到自己的责任，并勇敢地扛起它，我们才能成为一个真正意义上成熟的人。人可以不伟大，也可以清贫，但不可以不负责任。任何时候，我们都不能放弃肩上的责任，扛着它，就是扛着自己生命的信念。

2. 否定性思想

有些人把“我不行”“没办法”“做不到”当成口头禅，于是，他们的人生真的充满了不可能。否定性思想，会让我们的大脑停止思考，不去主动探寻解决之道。

世上没有做不好的事，只有认为自己做不好的人。无论做什么样的事，只要相信自己能做到，对工作、对他人、对自己就会表现出热情、激情和活力，即使遇到挫折，也不会气馁，而是充满信心面对人生。充满否定性思想的人则恰恰相反，他们的人生永远被过去的种种挫折和疑虑牵着鼻子走，他们每时每刻都生活在失败的阴影里，最终自然也就一事无成。

3. 消极心态

人与人之间的区别往往令人惊讶：有些人拥有稳定的工作、健康的身体，却依然沉浸在不满与抱怨中，困于负面情绪，甚至把自己的生活弄得一团糟；另一些人即使工作繁忙、生活艰辛，依然能够保持积极乐观，每天都笑容满面。这不禁让人思考：为什么有些人能不畏艰难，坚定前行，努力寻找人生的快乐，另一些人却只看到不顺与挫折，让自己深陷低谷？

其实，人与人之间的本质差距并没有想象中那么大，真正的关键在于心态。积极的心态能点燃内在潜能，让人勇往直前；消极的心态则像一张无形的网，束缚人的思维和行动，让他们在困境中止步不前。

成功，往往属于那些怀揣积极心态并付诸行动的人。

4. 不自信

很多人总是抱怨，机会不肯在自己的门前驻足，其实，在发牢骚之前，首先应该检讨一下自己：你是不是对自己没有信心？当你失去信心时，机会也会离你而去。人们总以为自己是被别人打败的，其实，真正的对手往往是自己。

一个人如果连自己都不相信，往往会在日复一日的自我暗示中陷入不安、恐惧、怯懦之中，感觉自己处处不如别人，觉得自己无心无力做一件有挑战性的事情，不敢追逐自己内心的梦想。

土耳其有一句谚语："在每个人的心中，都隐伏着一头雄狮。"这头雄狮就是你自己，把雄狮从沉睡中唤醒，你就会势不可当。

5. 怕犯错

害怕犯错是许多人常有的思维定式。怕犯错的人往往不敢做更多的事，容易轻易放弃，一旦出现问题，第一时间就开始为自己找借口、找理由。他们缺乏探索的勇气，总是期望生活在一个安稳的环境中。然而，现实世界从来不会一成不变，所谓的"绝对安稳"根本不存在。我们要勇于接受挑战，勇敢面对失败，把它当作学习的机会，进行反思、总结经验、积累教训，只有这样，才能为成功积攒更多的筹码。

6. 懒散

生活中，我们常看到一些人，拥有聪明的头脑和出众的才华。别人总认为他们将成就一番伟业，他们自己也曾对未来充满信心。但随着时间的推移，有些人依靠自己的才华迅速上升，有些人的天赋却被生活的琐事掩埋，甚至消失。究其原因，是因为他们过于懒散，总觉得有的是时间，反正自己有才华和能力，迟早能成功。然而，他们忽视了懒散的后果：这种懒散逐渐侵蚀了他们的思想，时间一长，便养成了习惯。他们开始喜欢安逸的生活，缺乏动力去发挥自己的才智。最终，他们的天赋就这样被浪费掉了。

当看到同样有才华的人事业成功时，他们只能羡慕，却早已忘记自己也曾有过同样的潜力。懒散悄无声息地腐蚀着人的灵魂，而当懒散之人深陷一事无成的困境时，他们往往会对那些勤奋努力的人充满嫉妒。殊不知，他们本可以拥有光辉的未来，只是这个未来被他们自己挥霍掉了。

真正毁了我们的，正是这些根深蒂固的思维方式。这些思维本质上源于懒惰、不思考，缺乏自我探索和自我成长的意识。只有当我们敢于拥抱变化，甚至主动去创造变化时，才能真正突破自己，走向更广阔的天地。

思路决定出路，格局决定结局。

无论你在想什么，先反过来想一想

跳出生活中固有的思维惯性，发掘更多的可能性，创造更精彩的人生。这正是查理·芒格的智慧所在。他是世界知名的投资家，沃伦·巴菲特的黄金搭档，成功缔造了伯克希尔·哈撒韦公司 50 多年间年复合增长率 19.2% 的奇迹。芒格的成功法则只有一条，那就是："反过来想，总是反过来想。"

查理·芒格的思考方式总是从反方向出发。例如，要理解如何获得幸福，他首先会研究人生如何会变得痛苦；要探索企业如何做强做大，他会先思考企业如何衰败。与大多数人关注如何在股市投资成功不同，芒格更关注的是为什么大多数股市投资者会失败。逆向思维让他从不同的角度思考问题，从而探究事物的本质，轻松找到解决方案。

查理·芒格的成功源于他不受传统思维定式束缚，他的成功源于其不一样的思维方式——逆向思维。

那么，什么是逆向思维呢？逆向思维是一种挑战常规、打破定式的思维方式。当大家都按照惯常的思路去思考问题时，逆向思维要求我们反其道而行之，从问题的反面进行深入探索，或者从结果回推，倒推回已知条件。这样一来，问题常常会迎刃而解。

有一个典型的例子，发生在巴黎的一条街道上。那里有三家裁缝店。一天，第一个裁缝在门口挂出了"全巴黎城最好的裁缝"的招牌，吸引了大量顾客。看到这种情况，第二个裁缝不甘示弱，第二天，他在门口挂出了"全法国最好的裁缝"的招牌，结果也吸引了不少顾客。

第三个裁缝见此情形，很是苦恼。前两个裁缝都自称是“全巴黎”或“全法国”最好的，难道自己也得挂上“全世界最好的裁缝”吗？如果不想出一个更好的办法，他的生意可能就会越来越差。苦思冥想之后，他觉得挂“全世界最好的裁缝”会显得虚假，甚至可能遭到同行的讥笑。那么，他应该怎么办呢？

正当他愁眉不展时，儿子放学回来了。听说父亲的困扰后，儿子给了他一个建议。第二天，第三个裁缝挂出了“本条街最好的裁缝”的招牌。结果，这个招牌的效果远超预期，顾客纷纷前来，生意越来越好。

在上面的故事中，我们可以看到，第一个和第二个裁缝的思维方式都倾向于追求“更大”。一个说自己是“全巴黎最好的裁缝”，另一个说自己是“全法国最好的裁缝”，他们都试图通过夸大规模来吸引顾客。如果继续走“大”的思路，最后可能会出现“全世界最好的裁缝”的做法，这就显得有些虚假和不真实。相比之下，第三个裁缝的儿子聪明地从“小”着手，通过聚焦在“本条街最好的裁缝”，实现了意想不到的成功。这也正是逆向思维的魅力所在——从反方向找到解决问题的独特方式。

逆向思维有三个鲜明的特点。

一是普遍适用性。逆向思维不仅适用于某一领域，它在各种活动和问题解决中都能得到应用。由于对立统一的规律是普遍存在的，因此逆向思维的形式是无限的。无论是性质上的对立（如软与硬、高与低、胖与瘦），结构上的转换（如上下、左右、前后），还是过程上的逆转（如气态转液态、液态转气态，电与磁的转换）等，都能通过逆向思维得出不同的结论和新思路。

二是批判性。逆向思维通常是对正向思维的挑战。正向思维依赖于常规、常识和公认的方式，逆向思维则通过突破这些固有的框架，质疑并寻找新的角度。它帮助我们克服思维定式，打破由经验和习惯造成的僵化思维模式。

三是新颖性。常规的思维方式通常简单且直接，但也容易导致思路的僵化。人们习惯于按照传统的方法处理问题，这使得我们常常忽视问题的另一面，容易陷入一成不变的模式。而逆向思维正是从被忽视的角度切入，打破传统的惯性，开创出新的解决方案。这种思维方式不仅能打破固有的思维障碍，还能带来焕然一新的思考方式。

古往今来，拥有逆向思维的人往往更容易取得成功。他们不惧被视为“异类”或“叛逆者”，敢于打破常规，从对立面思考问题，从而解决常人难以应对的难题，成功的大门也因此为他们打开。

德国数学家卡尔·雅可比在职业生涯中作出了杰出的贡献，他的成功秘诀之一便是“逆向思维”。每当面对复杂的问题，他总是从反方向思考，重新审视问题的反面，往往能发现解决方案。对于他来说，分析问题的反面是厘清思路和找到突破口的最佳方法。

战国时期的军事家孙膑，年轻时曾到魏国求职。魏惠王心胸狭窄，嫉妒孙膑的才华，故意刁难他：“听说你很有才能，如果你能让我从座位上走下来，我就任用你为将军。”魏惠王心里想着：“我就是不起来，你又能怎么样？”孙膑则在心中一动，心想：“我不能强行拉他下去，那样会触犯死罪。那该怎么办呢？”

就在此时，孙膑灵机一动，对魏惠王说道：“我确实无法让大王从座位上走下来，但我可以让您坐到宝座上。”魏惠王想：“这不是一回事吗？我不坐下，你又能怎么办？”于是，他笑着从座位上走了下来。

孙膑立刻补充道：“虽然我现在不能让您坐回宝座，但我已经成功让您从座位上走下来了。”魏惠王张口结舌，只能无奈地履行诺言，任命他为将军。

我们应当学习成功者的思维方式——逆向思维。在遇到问题时，不妨尝试从相反的角度去思考，跳出常规的思维定式，或许能够发现更多的解决方案，进而创造出更加精彩的人生。

你不只有一条路可走

当你遇到难题时，记住：如果一条路不通，换条路走。不要将自己局限在一个框架内，换个角度看问题，换种心情看世界，答案可能会不期而至。

想象一下，你走在路上，目的地就在眼前。突然，前方出现一块警示牌，上面写着四个大字——此路不通！你会怎么办？

有些人可能会无视警示，继续往前走，怀揣着“不撞南墙不回头”的信念，最终只能在无路可走时灰溜溜地返回。

有些人会停下来犹豫不决。他们不再继续前进，也不愿掉头。一方面是觉得走了这么远，回头不甘心；另一方面，心里还存有侥幸心理，觉得或许前方还有出路。结果，他们停滞不前，浪费了大量时间，却没有找到更好的方法。

但也有一些人会果断掉头，寻找新的道路。即使他们再次碰壁，也不会气馁，而是不断调整方向，直到找到通往目的地的道路。

如果你只看到一条路，最终可能会走到死胡同。那些懂得在“此路不通”时及时转变方向的人，才能真正领悟到“条条大路通罗马”的智慧。

委内瑞拉的拉菲尔·杜德拉正是凭借灵活变通的思维，成功开创了自己的事业。在不到 20 年的时间里，他建立了一个价值 10 亿美元的商业帝国。

20 世纪 60 年代中期，杜德拉在委内瑞拉首都经营着一家小型玻璃制造公司。然而，他并不满足于现状。他学过石油工程，深知石油行业潜力巨大，便决心投身石油界，寻找更多机会。

有一天，他从朋友那里得到消息，阿根廷计划从国际市场上采购价值 2000 万美元的丁烷气。杜德拉认为这是进入石油行业的良机，立即前往阿根廷争取这笔生意。然而，抵达后他才发现，英国石油公司和壳牌石油公司已经在市场上频繁活动，这两家企业在竞争中实力都非常强大。杜德拉对石油行业并不熟悉，资金也有限，但他并没有因此放弃，而是采取了灵活变通的策略。

通过朋友的介绍，杜德拉得知阿根廷牛肉过剩，急需出口。他意识到这是一个不可多得的机会，可以通过出口牛肉来与石油公司公平竞争。于是，他找到了阿根廷政府，提出了一个巧妙的交易方案："如果你们购买我 2000 万美元的丁烷气，我就买你们 2000 万美元的牛肉。"阿根廷政府急于处理牛肉出口问题，于是接受了他的提议，并把丁烷气的投标交给了杜德拉。

获得投标后，杜德拉立即开始寻找丁烷气供应。他飞往西班牙，发现当地有一家船厂由于缺少订单而面临倒闭。西班牙政府非常关心这家船厂的命运，杜德拉抓住了这个机会，向西班牙政府提出："如果你们向我购买 2000 万美元的牛肉，我就从你们的船厂订制一艘价值 2000 万美元的超级油轮。"西班牙政府迅速同意了交易。杜德拉通过西班牙驻阿根廷使馆，与阿根廷政府协调，安排将牛肉运送到西班牙。

当牛肉成功转销后，杜德拉继续寻找丁烷气。他来到美国费城，找到太阳石油公司，提出："如果你们能支付 2000 万美元租用我这艘油轮，我就向你们购买 2000 万美元的丁烷气。"太阳石油公司接受了他的提议。通过这一系列的灵活操作，杜德拉成功打入了石油行业，实现了自己的梦想，并最终成为委内瑞拉石油界的巨头。

杜德拉是一位具有大智慧和大胆魄力的商业奇才。这样的人总能在困境中灵活变通、创造机会，将难题转化为有利条件，从而脱颖而出。

对于善于变通的人来说，世界上没有真正的困难，只有尚未想到的解决方法。正如常言所说：“上帝关上一扇门，常会开启另一扇门。”我们不能因为一时找不到路而失去信心和希望。前进的路有很多条，若一条路行不通，不妨反过来想一想，为什么不换一条路呢？另一条路的风景，也许会更迷人。

在日常生活中，当我们一直走的那条路出于各种原因而被阻塞时，不妨停下来反思：换一条远一点的路走又有什么关系呢？只要能到达目的地，走多远都无妨。坚持个性没有错，但前提是你坚持的道路是正确且可行的。如果坚持只会让你走进死胡同，那为何不尝试换一种思维方式，换个角度去审视、去思考、去调整呢？

人生的道路漫长，尽管途中可能会遇到各种阻碍，但永远不要放弃。此路不通换彼路，水路不通就换旱路。不要把自己束缚在固定的思维框架里。你完全可以从不同的角度看待问题，换一种心情看待世界，也许能发现一条全新的道路。

人生没有标准答案

人生没有标准答案，正确答案也不是唯一的。扔掉所谓的“标准答案”，打破思维的束缚，去探索人生更多的可能。

在学生时代，考试几乎成了每个人必须经历的环节，无论是语文、数学、英语还是物理，每道题都有标准答案。虽然某些问题可以用不同的方法来解答，但最终得出的答案通常是唯一的。只有找到了标准答案，才能获得分数。正因如此，这种僵化的教育模式让很多人形成了根深蒂固的认知：所有问题，只有一个正确答案。这种思维方式往往延续到我们的人生中，导致我们在面对问题时，习惯性地寻找标准答案。

然而，真实的生活远比考试复杂，充满了变数和难以预料的情况。此时，标准答案就不再奏效了——曾经行之有效的方法可能无法解决当下的困境，别人轻松应对的办法，在我们身上却失去了效果。因此，所谓的标准答案，根本无法应对人生中的不断变化和复杂局面。

其实，一味追寻标准答案，也是一种思维固化，是一个人懒散的标志。抛弃那些所谓的标准答案，跳出思维的束缚，你的人生才能拥有更多的可能。

哈佛大学作为世界顶尖学府，拥有一个值得称道的理念：成功的人，首先是拥有强大思维能力的人。在哈佛，标准答案并不被看作是唯一的，他们鼓励每个学生从多角度思考问题，培养创造性思维。

哈佛大学有一堂经典的商业案例课。案例中，某跨国保健品公司主打一种能促进儿童生长发育的口服液，配方独特且利润丰厚。然而，近些年该公司发现这种口服液中含有少量性激素，长期服用可能导致儿童性早熟。教授要求学生们扮演该公司总经理的角色，提出解决方案。

学生们分为三组，经过讨论后，各自提出了不同的方案。

第一组提出的方案是：公司应立即改变产品配方，去除性激素成分，并停止生产现有产品。已经出厂的产品应当尽快回收，并向公众道歉，确保树立公司正面的形象。他们认为，若明知产品有害儿童健康仍继续生产和销售，这是不道德的做法。

第二组学生的方案是：他们首先计算了销售该产品所获得的利润，并与停止销售及改变配方可能带来的损失进行了对比，其次探讨了是否能够通过其他产品弥补这部分利润损失。得出的结论是：首先，这款产品为公司带来了巨额利润；其次，停止销售和改变配方将造成巨大的损失，而且这种损失无法通过其他产品的增加来弥补；最后，既然该产品已通过相关鉴定，说明生产该产品并不违反法律，因此公司应该采取措施追求最大利润，以对股东负责，而不应自寻烦恼。

第三组学生提出了一个折中的解决方案：公司可以悄悄地将该产品重新命名为“青少年口服液”，或者在广告宣传中强调“疗程”使用法，强调产品的效果需要分阶段使用，这样可以避免儿童因为过量使用而导致性早熟现象。然而，他们也认为这并非长久之计，因为企业必须考虑其长期利润，因此公司应继续销售该产品的同时，投入大量的资源改进产品配方，在外界未察觉之前完成产品的更新。

在这堂商务案例课上，每个学生都从不同的角度分析问题并提出解决方案。第一组学生关注人际关系对企业的影响，强调道德和责任；

第二组学生擅长数理分析，他们通过量化问题给出了具体而精确的解决方案；第三组学生则善于融合与变通，提出了更为综合的解决方案。所有人都没有拘泥于“标准答案”，而是根据自己的理解找到了合适的解决方法。

正如古诗所云，“横看成岭侧成峰，远近高低各不同”，同一个问题从不同的角度切入，能发现不同的解决思路。不同的思维方式可以帮助我们找到多种解决方案。即使是同一个人，视角不同、分析方式不同，最终得出的结论也会有所不同。站在不同的立场看问题，往往会有不同的感悟。这些思路和感悟，并没有对错之分，只有角度的不同。

人生没有标准答案，正确答案也不是唯一的。在未来的生活和工作中，我们应该尽量多角度思考，找到更多的可能性，这样才能为自己在成功的路上增添更多选择。

那么，如何提高多角度思考的能力呢？以下几个方法可供参考：

1. 与惯性思维的来源保持距离

随着互联网的迅速发展，许多人遇到问题时已经习惯于“百度一下”。过度依赖互联网使得我们在思维上变得懒散。每次打开手机或电脑之前，为什么不先自己思考一番呢？这并不是要你放弃互联网这个便捷工具，而是希望你减少对已有观点的依赖，增强独立思考的能力。尝试以全新的视角来看待世界，不依赖网络获取所有答案。

2. 置身于与自己观点相矛盾的立场

如果你打破了一个思维定式，却用另一个略微不同的定式取而代之，那么你的努力可能只是徒劳无功。为了真正突破惯性思维的束缚，主动寻求与自己观点相悖的意见或主张。这样，你才能彻底摆脱旧有的思维框架，激发创造性思维的潜力。

3. 以旁观者的视角审视问题

当你能够从自己的生活中抽离出来，以旁观者的角度审视问题时，你将获得全新的视野。许多曾经难以理解的事情，可能会因此变得豁然开朗，从而产生不同的认知和见解。

4. 打破生活圈的单一性

人类天生追求安全感，因此许多人习惯于去相同的场所、吃相同的食物、与相同的人交往。这样，生活圈逐渐变得固守不变，问题的思考角度也会变得越来越狭隘。实际上，你应该主动跳出舒适圈，去体验新的事物，去接触不同的人和文化，让生活变得更加丰富多彩。

只要善于从多个角度思考，任何问题都能找到解决办法。保持好奇心，不满足于单一的答案，是关键。不断探索新的思路，运用已有的知识，哪怕脑海中仅有微弱的灵感，也要相信它的价值，并坚持不懈地加以发展。如果你能做到这一点，你必定会培养出逆向思维的能力，在你的人生中，正确的答案将永远不止一个。

更多的可能性往往隐藏在对立面中

通过反其道而行之，从对立面寻找答案，我们可以打破传统的思维方式，挑战常规，从而发现新的道路和新的认知。

正如《道德经》所言："祸兮，福之所倚；福兮，祸之所伏。"坏事可能引来好结果，好事也可能带来坏结果。这种相互依存、相互转化的对立面关系，揭示了事物的两面性和复杂性。

荀子也说："不积跬步，无以至千里。"要到达远方，必须从每一步做起；而俗话也有云："万丈高楼平地起"，任何伟大的成就，都需要从基础开始。无论是福与祸、远与近、高与低，所有的事物和现象都有对立面，站在对立面思考，有时能够带来更高效的解决方案。

哲学中的对立统一规律表明，事物之间是矛盾的，矛盾双方既对立又统一，相互推动事物的发展与变化。我们可以发现，任何事物都有两面性，它们相互联系、相互依存，并会转化为对方。比如白天与黑夜、快乐与痛苦、甜与苦、分与合，所有这些对立面都有其相互依存的关系。

如果我们能超越个人的立场，从对立面思考问题，我们不仅能获得新的视角，还能创造更多的可能性，帮助自己与他人更好地解决问题。

比如，很多人遇到火灾时，第一时间会想到用水灭火。水与火是我们日常生活中互为对立的元素，水火不容，水能灭火，这是普遍的认知。然而，有些人能跳出常规思维，用火来灭火，这种逆向思维带来了意想不到的效果。

南美的潘帕斯草原，因其如画的景色和广阔的农庄牧场而闻名世界。这里的草原美丽迷人，但由于气候的干旱，火灾成了常见且危险的威胁。一天，一群游客正在一位农场主的带领下欣赏草原美景，突然草原不远处燃起了熊熊大火，火势迅速蔓延，游客们惊慌失措，四处寻找水源。

但农场主并没有慌张，而是冷静地指挥大家迅速拔掉眼前的干草，清出一片空地，准备应对火灾。当大火越来越近时，农场主站在空地的一侧，果断地放起了火。游客们顿时惊讶不已，但不久后，奇迹发生了：农场主点燃的火墙迎着大火蔓延过去，当两股火势交汇时，大火逐渐减弱，最终熄灭了。

游客们不解，纷纷向农场主请教这番操作。农场主解释道："风虽然吹向我们这边，但大火的周围气流会被吸引到火源的方向。我点燃火墙，正是利用这一特性将火势控制住，周围的草地被烧光后，大火就无法蔓延过来了。"

这就是逆向思维的应用。通常在火灾面前，人们会首先想到用水来灭火，但在某些情况下，水可能会加剧火势，反而让火蔓延得更快。而逆向思维告诉我们，有时正是从对立面入手，利用自然的法则，才会找到解决问题的出路。正如以酒解酒、以毒攻毒等思维方式，有时我们需要改变常规的解决方法，寻找新的视角和思路。

1. 从目标的反方向去寻找

为了实现一个大目标，可以从小目标开始；要完成复杂的工程，先从简单的任务入手；要攻克难关，先从容易的部分着手；要攀登高峰，先从山脚下开始。这种分解问题的方式能帮助我们逐步积累成就，减少障碍，最终达成目标。

2. 从已知事物的对立面去进行思考

许多科学发现都是从对立面的思考中诞生的。例如，意大利科学家伏特发现化学能可以转化为电能，并发明了伏特电池；英国化学家戴维则从反向思考入手，提出电能也能转化为化学能，最终通过电解发现了七种元素。丹麦的奥斯特发现了电流的磁效应，法拉第则反过来认为磁场也能产生电，这一逆向思维成就了电磁感应定律。许多突破性发现，正是通过反向思考和验证对立面的假设获得的。

3. 从与常识相反的对立面寻找

“日本收纳女王”近藤麻理惠在整理房屋时，从常识的对立面入手，她提出：“我们应该选择我们想要留下的东西，而不是想着要扔掉哪些东西。”这种逆向的整理思路，改变了许多人对于收纳的传统看法，带来了更高效的整理方法。通过挑战常识，我们往往能够发现更创新、更有效的解决方案。

4. 从事物的缺点中寻找

“失败是成功之母。”许多成功的思维模式和方法，往往是在发现和转化事物的缺点后得到的。例如，求职时，我们通常会展示自己的优点，但如果反过来，通过强调自己的缺点并提出如何改善，反而会让自己在众多应聘者中脱颖而出。通过发现和利用事物的缺点，将其转化为优势，我们可以在逆境中找到前进的道路。

凡事反其道而思之，敢于质疑传统、惯例、常识，对常规进行挑战，从对立面寻找答案，便能形成一种新的认识，开辟一条新的道路。正如德国心理学家伦道夫·阿纳勒所言："逆向思维绝不是沿着'原路'返回，而是跳跃到一条新的道路上反向前进，从相反的方面抵达同样的目标，或许还能达到一个全新的目标，从相反的方面超越他人。"

学会倒立思维，发现世界的不同

无视现有的逻辑，打破约定俗成的规则，甚至颠覆整个时代。学会倒立思维，你会豁然开朗，发现更加广阔的世界。

在阿里巴巴，有一种独特的企业文化——倒立文化。《福布斯》杂志曾刊登过阿里巴巴员工倒立的照片，称其为阿里巴巴公司员工的“招牌动作”。

在阿里巴巴，无论胖瘦高矮，新进人员必须在三个月内学会靠墙倒立。男性需保持倒立姿势30秒，女性则要保持10秒。若无法做到这一点，其他方面表现得再优秀也无法弥补，最终只能卷铺盖走人。这个“规矩”的制定者便是阿里巴巴的创始人马云。马云自己也擅长倒立，他有个绝活：单手倒立，能够一只手撑地，倒立数分钟而面不改色。

那么，为什么要让员工学会倒立呢？马云有着独到的见解：“每个人都应该学会倒立。当你倒立起来，血液会涌进大脑，看到世界的角度会完全不同。”他认为，练习倒立能够促使员工从不同的角度去思考问题，换位思考，培养创新精神。

马云一直是倒立文化的践行者。比如，选择注资1亿元创办淘宝网时，马云遭遇了许多质疑。当时，中国的互联网行业仍处于寒冬，类似的网络市场服务提供商易趣已占据了中国80%以上的市场份额，国外的eBay也在2002年投入3000万美元，收购了易趣1/3的股份，并在2003年以1.5亿美元收购了易趣剩余股份，目的是加大对中国市场的投入，争夺市场主导地位。当时，许多人认为与强大对手竞争没有太多希望，纷纷放弃了电子商务领域。但马云选择与之竞争，这一决定被形容为“疯狂豪赌”。

马云意识到，虽然 eBay 在全球范围内取得了巨大成功，但它仍然存在许多不完善和薄弱的地方。针对这些弱点，马云认为自己仍然有机会赢得这场竞争。他曾说：“eBay 可能是海里的鲨鱼，而我是扬子江里的鳄鱼。若在海里交战，我必输无疑；但如果在江里交战，我必定稳赢。”他决定采取与 eBay 完全不同的策略，以本地化营销为关键，走自己的路。

与 eBay 坚持收费模式不同，淘宝网在起步阶段并没有急于收取费用，而是专注于市场培育和客户满意度。最初，eBay 的全球总裁惠特曼对淘宝网持不屑态度，并预测淘宝最多撑不过 18 个月便会倒闭。然而，18 个月后，淘宝网不仅没有倒闭，反而迎来了快速增长。

马云打破常规，一次又一次突破挑战，最终带领淘宝网发展成了全球知名的电子商务平台。这一切的成功，在当时是没人预料到的。如果马云按照传统的思维模式去做事，也不会有今天的淘宝网。

打破现有的逻辑，颠覆传统规则，甚至引领时代变革——这正是倒立思维的精髓。

在生活中，无数看似不可能的机会都潜藏在细节之中。只要学会倒立思维，我们就能看到一个更加广阔的世界。

倒立思维不仅是一种思考问题的方式，更是一种生活的习惯。一旦养成这种习惯，你将会收获无穷的好处！当你从倒立的视角看世界，许多看似不可能的事物都会变得可能。只要你常常“倒立”，你会发现，所有的限制都不再存在，迎接你的将是无限的可能。

正如南宋词人辛弃疾在《青玉案·元夕》中所写:“众里寻他千百度,蓦然回首,那人却在灯火阑珊处。”我们往往认为成功远在天边,因此不断追寻和奔波。然而,回头一看,成功的路其实就在我们身后。我们所需要做的,只不过是换个方向,重新审视自己的道路而已。

做“羊群”中的另类

拒绝盲从，摆脱依赖，学会用自己的大脑去思考。勇于质疑自己的世界观和价值观，发现其中的不足，并主动做出改变。

心理学中的“羊群效应”指的是人们常常受到大多数人的影响，跟随大众的思想和行为，而没有独立思考事件的意义。这也叫“从众效应”。简单来说，就是大家都这么认为，我也这么认为；大家都这么做，我也跟着做。无论这个选择是否适合自己，只要是大众的选择，就认为是对的。

“羊群效应”是由某个人的理性行为引起的集体非理性行为。就像一群羊，头羊去哪里，其他羊就会跟着走。如果在羊群前放一根木棍，第一只羊看到后跳过去，第二只、第三只羊也会做同样的动作。即使木棍已经被拿走，后面的羊依然会跳过去，就像木棍还在那儿一样。跟风的人就像这群羊，只会跟随他人的行为，而忽视自己的判断。

人类都有从众心理，因为我们无法对所有事物都了解得一清二楚，尤其是当信息不足、判断困难时，我们会倾向于“随大流”。而当越来越多的人做出某种选择时，我们就容易动摇，坚持自己的意见变得更加困难。在这种情况下，我们实际上是在为自己的思想戴上枷锁，丢弃独立思考的能力。

“羊群效应”告诉我们，群众的眼睛并不总是雪亮的。相反，大多数人往往容易盲目跟随，失去理性与判断力。因此，我们应该避免轻易相信别人，更不要人云亦云，凡事都要有自己的主见。在做任何事情之前，必须用自己的大脑进行独立判断。

那些在自己领域中取得非凡成功的人，通常是敢于走出“羊群”，勇于站在所有人对面的人。阿曼德·哈默便是一个典型的例子。

阿曼德·哈默是美国的“经营之神”，一生涉足多个完全不同的领域——铅笔制造、酿酒、养殖良种牛等，在每个行业都取得了令人瞩目的成绩，最终投身石油业，成为世界石油巨头之一。阿曼德·哈默的辉煌成就绝非偶然，而是源于他与众不同的思维方式。

18 岁时，阿曼德·哈默的父亲临终时送给他一句忠告：“别人干什么，你要想想不干行不行；别人不干什么，你要想想干行不行！”这句话让他受益终身。父亲去世后，阿曼德·哈默接手了父亲的药厂。面对市场的困难，他思考如何打破困境，并采取了一个与众不同的做法：与许多药厂给医生送小药包不同，他决定反其道而行，给医生送大药包。这一举措立竿见影，每位医生收到大药包后都认真对待药品的效果，最终导致药品销售大增，药厂规模从 10 多名员工扩展到 1500 名。

这一案例告诉我们，如果在生活中不进行独立思考，盲目随大流，丧失了独特的自我，最终将变成他人的“复制品”。而这样的生活，怎么能称得上有意义呢？

我们要果断地拒绝盲从，摆脱对大众的依赖，充分发挥自己的独立思考能力，勇于改变已经定型的世界观和价值观。要用开放的网状结构去思考问题，运用逆向思维的眼光审视已知与未知，活出自我。那么，如何才能真正拒绝盲从呢？可以从以下几点开始尝试：

1. 独立思考，审慎选择

在面临选择时，首先自己要好好思考每个选择的利弊，考虑哪个选择更合适。不要急着寻求他人意见，也不要在别人给出建议时立刻跟随。你是一个有头脑的人，应该充分发挥你的思维能力，作出最合适的决定。

2. 审慎接纳他人意见

当别人给出意见或建议时，不妨先停下来在大脑中思考：这个建议是否符合你所面临的现实情况，是否能对你产生积极影响？如果你认为合理，再去接受。不要轻易盲从他人的想法，要进行理性判断。

3. 多角度思考问题

凡事都要从多个角度思考，全面考虑各方面的因素。越是周全地思考问题，做出的决定就越趋于正确。如果只从一个角度看问题，很容易陷入死角，导致思维变得狭隘，最终做出错误决策。

4. 坚持自己的观点

当别人提出与自己不同的观点时，不要轻易放弃自己的立场。即使对方是权威人物，也不要轻易相信他们的观点一定正确。每个人都可能犯错，权威也不例外。只有通过自己的独立思考、判断和辨别，才能找到正确的方向。

5. 拒绝从众，保持独立

当大家都纷纷跟风去做一件事时，不要盲目随大流。想一想：这样的选择是对的吗？如果不这么做，会有什么后果？有没有更好的替代方案？通过理性思考，避免陷入“羊群效应”，做出适合自己的决定。

PART4

逻辑破局四：明确议题

当一个人缺乏清晰的议题逻辑，无法找到正确的议题时，往往会陷入思考的迷茫和做事的误区，结果是思考越多、行动越多，犯错的机会也就越大。选对议题，是成功者掌握的核心底层逻辑。

一位出色的领导者，能准确地提出议题，直击问题的关键，这就是他能够成为领导的原因。换句话说，是否具备明确的议题逻辑，往往决定了“治人”和“治于人”的差距，最终也会拉开人与人之间的差距。

为了洞察事物的本质，我们需要将复杂的现象简化。一个人的思维方式对其结果有着深远的影响。如果能够把复杂的问题简化、比喻清晰，那么我们就更接近事物的本来面目。

“议题”错了，越想越错

议题逻辑是底层逻辑的核心组成部分，甚至是构建底层逻辑的根本。若缺乏清晰的议题逻辑，找不到正确的议题，结果就是越思考越错，做得越多，反而越容易犯错。这样的案例在我们身边屡见不鲜，许多人往往会犯这样的错误。

回顾诺基亚的失败，我们可以看到一个明显的问题——他们选择了错误的“议题”。

当苹果手机迅速崛起并占领市场时，作为全球最大的手机生产商，诺基亚自然不能坐视苹果的崛起，决定进行反击。然而，诺基亚的反击过程暴露了他们在底层逻辑中的重大缺陷。

诺基亚最初认为，苹果手机之所以受欢迎，是因为其摒弃了传统的键盘设计，采用了触摸屏方案。于是，诺基亚也开始朝着这个方向发展，推出了多款具有屏幕控制功能的手机。然而，诺基亚的“议题”选择错了：他们推出的手机大多采用电阻屏，而非苹果所使用的电容屏。虽然这两种屏幕都能实现触控功能，但存在一个关键差异——电容屏可以直接用手指滑动，电阻屏则需要触控笔。

诺基亚或许认为这种差异微不足道，但实际上，这一小小的差别却导致了巨大的结果——消费者体验大不相同。消费者并非只需要一款“没有键盘、全屏控制”的手机，而是需要一款“简单、便捷”的手机。电容屏的优势正是它的操作简便，使用者无需额外的工具，而电阻屏增加了“取笔、放笔”的烦琐操作，使得整体操作体验不如预期。

虽然诺基亚凭借其多年的品牌积累和销售渠道依然卖出了不少此类产品，但消费者在使用后发现，它们不仅没有苹果手机那样方便，甚至还不如传统的键盘手机。因此，诺基亚的产品口碑开始下滑，正如他们自己所说："卖得越多，品牌就越弱。"

当诺基亚意识到市场形势对他们不利时，他们重新反思问题，并认为苹果手机的成功在于其操作系统，于是他们与英特尔合作，开发了新的操作系统 MeeGo，并尝试通过采用微软 Windows Phone7 系统来与苹果竞争。然而，尽管这些系统各有优点，但它们的使用门槛较高，学习成本也较大。而苹果系统简便易用，连不识字的老年人都能轻松上手。最终，诺基亚的系统无法挽回销量的颓势，未能逆转市场的态势。

后来，诺基亚的命运我们都知道了，它被苹果手机彻底打败，从手机行业的领头羊一夜间变成了市场的弃儿。

诺基亚的失败，根本原因在于议题选择错误。他们曾积极地进行探讨和行动，但他们探讨的议题本身就错了。议题错误，得出的结论必然是错误的，而这些错误的结论又引导了错误的行动，最终导致了失败。这就像一个大坝即将决口，一群人开会讨论解决方案，却不去探讨如何加固大坝、消除水患，而是认真讨论大水究竟是从哪里来的。显然，这个议题本身就是错的，在这个错误议题下讨论结果，自然也是毫无意义的。

选择正确的议题，是所有成功者掌握的底层逻辑。在日常生活中，我们经常会遇到这样一种情形：工作中出现问题，一群人七嘴八舌、各抒已见，最后领导会说："我们先不要讨论其他的，重点讨论某某问题。”

一个出色的领导，能够迅速给出精准、直击问题核心的议题，这正是他能担任领导职务的关键所在。如果不能提出正确的议题，那么即使拥有再多的经验和能力，也无法成为一名合格的管理者。换句话说，是否具备议题逻辑，决定了“治人”和“治于人”的差距，最终也会拉开人与人之间的差距。

问自己：你想解决什么？

如今，“解决提出问题的人”成了网络流行语，常被用于讽刺社会事件。它的完整表述是：“解决问题的最好办法是解决提出问题的人。”这一说法常见于某人揭露社会现象后，遭到利益相关方打压甚至被迫沉默的情况。那么，当问题出现时，我们应该着手解决问题，还是“解决”提出问题的人？这实际上是每个人都会面临的选择。

从辩证的角度来看，“解决问题”和“解决提出问题的人”是一种对立统一的关系。何种情况更占主导，往往取决于一个人在什么场合、对谁、提出了什么样的问题。以企业为例，提出问题的人大致可以分为三种类型。

当企业领导宣布：“上个月大家的表现都很不错，奖金稍后会发放。本月的重点是销售，大家还有什么问题吗？”三种人会有不同的回应。

第一种人这样说：

“老板，您对我们太好了！很多公司都羡慕我们的福利呢！我们一定会更加努力，争取业绩再创新高！不过，我有几个小小的疑问，希望您能指点一下：老客户该如何维护？新客户的拓展方向是什么？我们更应该关注新客户需求，还是加强与老客户的联系？另外，客户群体是否需要向特定地区倾斜？”

面对这种人，领导通常会解决问题，因为他们不仅恰到好处地赞美了领导，强化了企业的发展方向，还将领导提出的目标具体化，同时象征性地抛出几个易于回答，又显得有思考深度的问题。这类问题既让领导有面子，又能展现提问者的“聪明”，自然会得到积极回应，甚至可能赢得领导的赏识。

第二种人这样说：

“领导，您的分析太到位了！把本月的重点放在销售上确实很重要，但我觉得，还有一个问题同样不容忽视。销售额的提升固然重要，但我们的宣传工作似乎一直做得不够，这其实也会影响销售。毕竟，‘磨刀不误砍柴工’嘛！领导，您觉得是不是可以同时加强宣传力度？这样不仅能助力销售额增长，还会拓宽我们的市场。”

这种人与第一种人类似，都先肯定了领导的发展方向，让领导感到被认可。然而，第二种人提出的问题更具深度，会让企业领导认为他是一个有潜力做大事的人。不同于第一种人，第二种人所提出的问题并非仅为了迎合领导或让领导好回答，而是经过深思熟虑，能够真正为公司带来实际效益，体现出对企业发展的真心关切。

能提出这样问题的人，通常具有较强的工作能力。然而，面对这类问题，企业领导的反应往往不是直接解决问题，而是“解决提出问题的人”。领导可能会这样回应：

“这个问题提得非常好！的确，这一直是我非常关注的问题。我看得出来你下了不少功夫。既然如此，宣传力度的提升就交给你负责吧！好好干，我对你很有信心。”

通过提出有价值的问题，第二种人不仅展现了自己的能力，也赢得了领导的赏识，并顺势承担起更重要的职责。

第三种人这样说：

“老板，销售额虽然不理想，但公司也不能只靠营销部啊！大家该干的活可一点没少做呢。能不能把销售额的要求放宽一点？毕竟，提高销售额可不是说涨就能涨的。另外，您是不是也可以多给销售部的同事一些福利？这样大家才更有动力嘛，对吧？

“而且，我觉得公司当前最大的问题不是销售额，而是缺乏核心技术和硬核产品。光靠提高销售额有什么用呢？关键是让研发部加把劲，研发出真正能打的产品。有了核心产品，还需要宣传吗？销售额自然就上去了！这才是长久之计，您觉得我的建议怎么样？”

对于第三种人，企业领导当然不会解决他的问题，而是会立刻“解决”提出问题的人。只不过，这种“解决”与第二种人的待遇截然不同，因为他无意间踩了好几个雷点。

首先，他急于邀功，强调自己为公司付出了多少，却并没有提出实际可行的解决方案，甚至借机讨要奖励。其次，他直接否定了领导的决策，还摆出一副自信满满、理所当然的态度，似乎只有自己的想法才是正确的，忽略了提问的方式和分寸感，显得有些咄咄逼人。

面对这种既让自己下不来台，又缺乏建设性的提问，领导通常会淡然一笑，然后给出这样的回应：

“你的想法很不错，只是目前公司的情况还无法实施。既然你觉得这里的工作压力太大，薪资待遇也不够理想，那不如另谋高就吧。”

由此可见，“解决问题，还是解决提出问题的人”？这并没有固定答案，而是取决于什么场合、对什么人、提出什么问题。

在企业环境中，向领导提问时，适当的谦逊是必要的。让领导感受到你的问题尊重了他的决策思路，他才会认真对待你的问题。而如果你的问题既有深度、又有利于企业发展，同时体现出对领导的认可，领导甚至可能“解决”提出问题的人——给他更大的责任和更好的机会。

然而，如果你的提问方式既缺乏尊重，又带有强烈的个人优越感，甚至让领导难堪，那领导自然也会“解决”你，只不过方式就不那么友好了。

“解决问题，还是解决提出问题的人”？归根结底，这取决于一个人在什么场合、对谁、提出了什么样的问题。

把握思考的四个层次

思考是人类区别于其他动物的重要特征。从古至今，无数名人留下了警句名言，强调思考的价值。孔子曾言:“学而不思则罔。”数学家华罗庚也指出:“独立思考能力，对于从事科学研究或其他任何工作，都是十分必要的。”这些箴言无一不在教导我们学会独立思考。

在日常生活和工作中，思考无处不在，甚至决定着个人、企业乃至整个社会的发展方向。“行成于思，毁于随”——面对重要决策，如何深入思考、避免盲从，至关重要。那么，如何才能正确地思考，不落窠臼?

一般来说，思考可以分为四个层次，即拆分、归纳、联系、提炼。

首先，当我们面对一件复杂的事情时，第一步要做的就是拆分。

将一个大目标按照不同的分类方式层层分解为小目标，就可以更简单、更高效地推进。王健林“先定一个小目标，比如挣它一个亿”的说法曾引发了广泛讨论，也正体现了拆分思维。当然，它同时也提醒我们，小目标必须符合自身实际，否则定下也无法达成，反而成了笑谈。目标可以按时间拆分，比如细化到每个月、每天的任务量；也可以按责任拆分，将目标分配给不同的人。合理拆分后，每个人都能在规定时间内完成自己能做到的部分，人尽其才，避免任务过载。这样，每个人的“小目标”都达成后，整体目标的实现也就不再遥不可及。如果你面对某件事觉得遥不可及、无从下手，不妨尝试拆分思考——将任务细化到每个小时，甚至拆解为一个个微小的行动，只要持续推进，最终你一定能实现目标。

其次，面对许多事情时，要学会归纳思考。

归纳是一种从部分到整体、从特殊到普遍、从个别到普遍的推理方式，也可以用来概括一般性概念、原则或结论。我们可以通过思考，把多个事件归纳成几个类别，也可以对一个事件进行归纳总结，再推广到类似事件中。归纳通常与演绎相结合，二者都是最早被人类掌握、应用最广泛的思维方法。归纳可分为完全归纳法和不完全归纳法。前者研究整个类别的所有对象，以此得出普遍性结论；后者则通过观察部分对象，发现它们具有某种属性，经过验证后，推测该类别的所有对象都符合这一属性。然而，不完全归纳的结论并非绝对正确，仍可能出现例外，需要保持警惕。在实际应用中，归纳思维可以帮助我们从局部信息推测整体趋势，使思考更加有条理、行动更加有方向。

再次，联系是一种极为重要且常用的思考方式，它是一个哲学概念，强调事物之间的普遍联系。

唯物辩证法认为，事物是普遍联系，发展变化的。因此，我们不能忽视事物之间的关联，而是要主动去发现、理解它们的内在联系，从而在对立中看到统一，在分离中找到渗透。联系思维主要用于研究多个事件或对象之间的关系，帮助我们厘清现象与本质、原因与结果、必然与偶然等复杂问题。通过建立清晰的逻辑线索，我们不仅能更准确地把握事物的发展规律，还能更有效地解决问题。更重要的是，培养联系思维可以让我们在面对未知问题时，有能力推测可能的解决方案，提升应对复杂情况的能力。

最后是提炼。提炼，也可以称为总结，是思考的更高层次。

提炼的本义是通过化学或物理方法，从混合物中提取更纯净的物质；在文艺创作和语言表达中，它意味着去芜存菁、去粗取精。在思维过程中，提炼指的是对问题进行深入分析，总结出核心规律。要做到真正的提炼，不能仅停留在已有资料和思考结果的表面，而是要探究更本质、更深层的逻辑，并整理出可普遍适用的规律。

当然，提炼是一个极为消耗精力、对思维能力要求极高的过程，而且它的价值往往不会立即显现，因此显得“吃力不讨好”。然而，真正的价值往往体现在长期的应用和未来的发展中。就像数学理论研究，虽然它看似抽象，短期内难以直接应用于现实，但它却是科技进步的基石。试想，如果我们仍然用掰手指计算数据，现代计算机又如何诞生？

值得一提的是，拆分、归纳、联系、提炼这四个层次不是相互独立的，而是相互联系、密不可分的。思考一件事时，拆分后就要进行归纳，归纳时要注意各部分之间的联系，解决一件事后，要对整个过程进行提炼。这样，思考才算圆满完成。不能只用一种思考层次分析一件事物，以偏概全，否则不仅会导致思考的失败，甚至可能对个人的行为造成负面影响。

当然，思考是一方面，更重要的是把思考付诸实践。“知行合一”是中国古代哲学倡导的重要理念。思考只有通过实践才能成为现实。不去实践，再好的思考只是空想，对个人和世界都毫无意义。不去思考，只有实践，将永远不会从过去得到教训，无法获得进步和成长。

现实生活中，我们面临着许多不可避免的思考。更好、更快的思考方式可以帮助人们更好地面对复杂的世界和变化，能让我们更好地理解现状和未来。运用更科学的思考方式，将一件事拆分、归纳、联系、提炼，就能扼住命运的喉咙，把握自己前行的方向。

你只能抓一个点

唐代诗人杜甫在《前出塞九首·其六》中写下了“射人先射马，擒贼先擒王”的千古名句，这句诗背后所蕴含的哲学道理其实很简单：办事一定要善于抓住事物的一个点，即事物的主要矛盾。即使再复杂的问题，也要从事物的本质出发，找准重点，全力攻击，才能一击即中，找到解决矛盾的关键。如果无法厘清烦琐的枝丫，就要究其根源，这是最浅显不过的道理。

无论是在日常的生活中，还是身处职场，面对各式各样未知的难题、机遇或挑战，我们往往都会把事情想得过于复杂和困难。毕竟，人在面对未知事物时，恐惧指数一般都是一开始就达到峰值。

我们倾向于把事情想得过于复杂。相信每个职场人都有过这样的经历：当你碰到一个较大的难题或者挑战时，一开始会从很多方面去分析解决难题的可能性，尝试多次之后总是觉得自己在反反复复地兜圈子，始终不得要领。这对于职场人来说无疑是一种变相的折磨。

世界上的问题千奇百怪、错综复杂。如果我们无法抓住问题的核心，不能透过表面现象去看本质的话，往往事倍功半。为了把握事物的本质，就有必要把复杂的现象简单化，毕竟一个人的思维方式会对其产生很大的影响。若能把复杂的事情简单化，就很有可能接近事物的本来面目。

那么，如何让事物简单化，不被表面现象所迷惑？该怎么做才能根据事物的本质做出正确的判断呢？“鹰眼思维”是我们必须要了解的一种思维方式。老鹰在野外捕食时，通常会盘旋在千米高空。别看它飞得很高，其实它是在不断地调整自己的视角和视距，看似没有规律地翱翔，却是它辨别、寻找猎物的过程。一旦地面上的猎物出现在它的视线范围之内，它就能随即锁定目标，聚焦猎物并高速俯冲，让猎物无处可逃。正是由于老鹰捕食过程中的高维度、全视角、聚焦性，才使得它在捕食过程中很少有失手的时候。我们面对复杂变化的现实难题时，也可借鉴老鹰捕食的特点去寻找解决问题的关键点。

俗话说，站得高才能看得远，思维层次决定了我们看待问题的水准。想要借鉴老鹰捕食过程中的高维度，就不得不努力提升思维的高度。当我们的思维上升到一定的高度之后，自然就能够俯瞰整件事情，透过问题的本身找到事物的整体规律，落实到具体事物的共同点上。那么，如何提升思维的高度呢？这要求我们不断地丰富自己的阅历和经验，通过时间的累积，看待问题的层次自然会有所上升。

举个简单的例子。第二次世界大战期间，英、美军方需要根据作战后幸存飞机上的弹痕分布情况来决定加强哪边的防御。一般人认为，哪里弹痕多就该加强哪里，因为这说明敌人的火力通常集中在这些部位。然而，经验丰富的统计学家沃德却力排众议，他通过分析整个飞机的弹痕分布情况，得出了应该加强的是弹痕少的部位。显然，在不了解问题全貌的常人看来，这匪夷所思。但是别着急反驳，让我们试想一下：如果弹痕多的部位就是飞机要害的话，为什么这些要害被多次命中后飞机却还能安全返航呢？

这就说明：弹痕多的部位即使被损坏了，对飞机本身的影响也不会太大，而那些弹痕少的部位却很有可能恰恰是飞机的要害所在。正因为没有命中这些要害，飞机才得以幸存。沃德正是看透了这一点，才会提出与常人完全不同的建议。事实证明，沃德是正确的。

这个案例告诉我们，应从全视角来看待事情的全貌，片面地去看待或解决任何一种矛盾都会有偏差，起不到关键性的作用。面对一个重大的问题时，如老鹰在高空中盘旋搜索猎物一样，我们要学会全面、不遗漏地对问题进行分析、审视，这样解决问题的方式才会越来越全面。

爱因斯坦说："如果你不能言简意赅地阐述一个问题，那说明你对这个问题的理解还不够深入。"聚焦性对于解决复杂的问题来说是很重要的手段和方式，聚焦的过程就是不断逼迫我们深入思考的过程。这就好比"河水会往低处流，苹果会从树上落下，我们在爬山过程中会感到越来越累……"这些看似不相关的现象背后，其实都有一个共同的本质——万有引力。拨开云雾的表象，才会看到问题的本质。

20 世纪 30 年代，美国佛罗里达州的一座小橘园里发生了有趣的一幕。一天早上，小橘园里大大小小的树枝上都挂满了晶莹的"白雪"。

那几天的天气都十分晴朗暖和，哪里来的雪呢？一位工程师很纳闷，所以他仔细地探究了这个现象产生的原因。后来，他发现，原来是那天晚上负责这片橘园的管水员忘记关闭喷水管了，而正好当天夜里气温骤降，于是喷到树枝上的水就变成"白雪"留了下来。

这件事不胫而走，一个滑雪教练知道后，从中得到启发，发明了造雪机。通过这件简单的小事，滑雪教练看出了白雪现象只是表象，真正重要的是掌握其背后的原理和规律。这就是为什么我们要去探究事物的本质。

那么，除了从高维度、全视角、聚焦性三方面抓住解决问题的关键之外，在职场生活中，保持一颗赤子之心，同样可以让我们保持清晰的头脑，更深刻地认识事物的本质。

儒家学派的代表人物之一孟子提出人们应保持赤子之心，因为拥有赤子之心才能看到万物的真理。在这个人人浮躁的世界，在这个物欲横流的社会，稍不留心，你就会被七色所迷目，被五音而乱耳，自然也就无法看清事物的关键所在。所以，拥有一颗清明的赤子之心，既是为了保持心灵的宁静，还能简化复杂的问题。

在工作和生活中，我们总是希望别人多照顾自己，这也是一种利己的动机和出发点，这种自私的欲望会让简单的问题复杂化。不仅模糊了问题的焦点，还会拖延我们解决问题的进度。

总而言之，我们在观察和了解事物的本来面目时，都应尽力保持一颗纯洁简单的心，这样才能如实地观察事实的全貌，抓住事物的本质。如果你有这种透过现象看本质的意识，就能高效解决问题，避免做无用功。一旦掌握了事物的本质，困难将迎刃而解，这对于个人的成长和发展来说也是重要助力，能够帮助我们持续地打造职场核心竞争力，坚定地迈上成功之路！

好议题的关键要素

底层逻辑中的许多思维方式并不像常人想象得那样神秘难懂，其实很多人会用底层逻辑，只是没有养成下意识的思维习惯而已。其中，底层逻辑中的“议题逻辑”就是常常被我们忽略的一种思维工具。那么，什么是议题逻辑？

“议题”最早出现在谢斯于 1977 年提出的“议题管理”概念中，其目的是在企业的管理设计与实践中，引入一种讨论的视角，以突破企业现状并提升效能。好的议题对于企业的发展方向和战略布局都起着至关重要的作用，只有找到好的议题，才能有正确的方向。如果一开始的议题错了，就可能会陷入“南辕北辙”的被动局面，也更容易导致思考得越多，所做的决策也就越偏离正确的航线。那么，一个好的议题应该具备哪些关键要素？

近年来，随着电商行业的快速发展，快递早已与我们的生活息息相关。作为在快递行业掘金的先行者，圆通速递董事长喻渭蛟就深谙议题逻辑。

作为行业的龙头老大，圆通速递在 2021 年初提出了一个非常好的议题。2021 年 3 月初，喻渭蛟表示，政府工作报告已经连续 8 年提到快递行业，这表明快递行业的春天还远未结束，未来仍然需要好的议题来指明前进和发展的方向。只有不断提出好的议题，才能增强人们对圆通速递的发展信心，也能更加坚定公司持续发展的决心。

在这样的背景之下，喻渭蛟提出了“推进快递进村”的议题。这显然是一个非常不错的议题，因为它满足了好议题的要素之一：议题的对象精准。圆通早在此前几年便积极布局“快递进村”，其服务对象就是农村居民。我们知道，随着国家大力推进美丽乡村建设、推动共同富裕，“快递进村”已然成为重要发展方向，政府工作报告再次表态将加快落地建立适合农村快件安全的管理体系。而圆通的这一项议题能够更好地服务农村消费、助力乡村振兴，满足农村居民对美好生活的追求。所以这项议题是非常不错的。

同时，好议题的关键要素还体现在管理者的决断力上。喻渭蛟这个构想在一开始提出时，并没有赢得任何掌声，因为圆通此前的快递模式大多是针对城市所制定的，其规则、体系以及政策均以市场需求为核心。贸然推进“快递进村”，对于求稳的合伙人来说，步伐迈得太快了一些。但喻渭蛟的坚持最终推动了议题的落地实施。随着“快递进村”的全面推进，圆通速递的农村快递模式持续壮大并不断完善。

在喻渭蛟看来，一个好议题不仅需要精准的对象和果敢的决断力，还要包括明确的目的和意义。在圆通速递发展的十几年来，喻渭蛟完成了至关重要的三个议题。这三个议题的目的，都是为了让圆通速递成功创业、不断壮大。

喻渭蛟提出的第一个关键议题是在圆通创业初期，即 2001 年左右。当时，公司刚起步一年多，喻渭蛟便提出了一个很多人无法理解的“议题”——双休日照常营业。在他看来，没有人的成功是轻轻松松的，只有脚踏实地了解过实际情况，所做出的决定才有可能引导人们走向成功。这个议题并不是他的凭空想象，据他了解，当时很多在广州、深圳做外贸的人周末都不休息。所以，尽管招致不少质疑，他毅然决定实行这项新规。没想到，仅仅一年，圆通的业务量猛增，这证明这个议题是非常正确的。

由此可以看出，好的议题需要一个有决断力的决策人。集思广益固然好，但剥离出核心问题，权衡来自客户和团队成员的建议，并加以梳理去除冗余的因素，进而做出决策是好的议题决策人必须有的能力。这样，好的议题才不会只停留在纸上谈兵的阶段。

喻渭蛟的第二个“议题”是在2005年提出的，当时圆通速递已初具规模，他提出了“与阿里巴巴合作”的议题。正所谓“大树底下好乘凉”，但那时电商行业处于成长阶段，阿里巴巴把合作的价格压得相对较低，所以这次合作又引起其他合伙人的反对，但喻渭蛟还是坚持这个议题。他认为圆通要想与国际接轨，就不能仅看重眼下的订单量和收益，电商的时代马上就会到来，电商平台的发展也将迎来井喷期，所以合作是必然的。果然，如今阿里巴巴和淘宝的这列火车已经驶入千家万户，圆通也因为喻渭蛟的这一正确议题搭上了电商行业发展的东风。

随着电商的爆发性增长，圆通速递也在不断壮大。喻渭蛟这时又将自己的“航空梦”议题重新提上日程。他认为软件系统有了提升，硬件配套也要跟上。在完成考察UPS国际快递的行程之后，喻渭蛟更坚定了早就萌发的“航空梦”。他深知，对于快递行业而言，只有实现空网和地网的无缝对接，才能进一步提升快递品质，毕竟时间的价值高于金钱。唯有实现“航空梦”，才能真正将圆通速递推向全球化。

最后，提出好议题的另一个关键点在于善于借鉴前人经验，利用其他项目组的成功经验，不做重复劳动，尤其是在公司内部。要让好议题能在众多议题中脱颖而出，必须明确优先级，这也是许多项目管理人的瓶颈所在。如果不能对议题进行优先级排列，就会导致时间和精力被平均分配，自然不能关注到议题目的的关键因素，也不能把时间和精力都用在刀刃上。

在喻渭蛟的身上，我们可以发现，他每次提出的议题都很关键，因为他始终能把握好议题的关键因素。面对任何问题，他都是先思考再行动，确定议题的对象和目的，再凭借坚定的执行力推动落地。这些都是成就好议题的关键要素，也是解决核心问题的根本方式。

如果一个议题不能清晰界定所面临的实际问题，就没有办法找到问题的根源，更谈不上如何解决，这样的议题没有任何意义。需要注意的是，提出议题后，我们还要分析该议题能否真正有效实践，没有操作性的议题提上百次也是徒劳。

作为普通人，要想提出一个好议题，最关键的是要理解议题所针对的对象，明确他们真正关心的问题，并确保议题能够切中这些关键问题。同时，议题必须立足实际情况，准确把握问题的核心和视角。

目的不明确，一切归零

每个人的内心都有一个期望的目标，或在完成一件事的时候，心中都会有期待得到的结果，那便是“目的”。

目的是指引我们不断行动、咬牙坚持的指南针。拥有清晰明确的目的，可以帮助我们少走弯路，而那些没有明确目的就盲目行动的人，就像《南辕北辙》里的北国人一般，因为缺少对目的地所在方位的认知，即使有强大的执行力、充裕的时间和金钱，也无法抵达目的地。

在生活中，如果目的不够明确，就如同一艘在惊涛骇浪中没有方向感的帆船，很难保证自己的生活处在掌控之中，还容易出现失误，耗费不必要的时间和精力。

举个简单的例子：白龙马西天取经回来后，碰到了一只一直在磨坊里拉磨的驴。意气风发的白龙马看着憔悴不堪的驴很是疑惑：“驴并不像我一样每天奔波在路上，只是待在磨坊里拉磨，怎么会累成这样呢？”

驴对着它哭诉道：“我每天都不得不在主人的皮鞭下不停地转圈拉磨，根本不知道什么时候是个头，渐渐地，就累成了这样。”

故事中的白龙马和拉磨驴走的实际距离或许相差无几，但两者呈现出完全不同的现实，最主要的原因就在于白龙马的目的远大而明确，一路上只朝西天而去，所以精神振奋，心境也开阔。它有着清晰的目标，行动起来自然有积极性，完成后也更有成就感。而驴成天只知道在主人的威慑下原地转着圈圈，生活没有任何目标，更不知道拉磨的目的是什么，不明白工作的价值和意义，只懂得一味盲目屈从，即使一直在执行任务，心中也全是负面情绪，最后只会把自己累垮。

由此可见，目的和方向往往主导了人生的命运与成就，它是驱使人生不断向前迈进的原动力。若一个人心中没有明确的目的，就很可能虚耗精力与生命，碌碌一生，却永远不知道自己的人生价值是什么。目的不明确，执行力再强，也只会让事情越来越糟。

大众集团作为传统汽车行业的大亨，面对日渐发展的电动车市场，虽然也在不断做出尝试，但其纯电动汽车产品的市场份额还稍显落后。就国内的电动车市场而言，许多新兴的电动汽车品牌势如破竹，呈爆发增长的趋势。但由于大众前期对电动车市场缺乏明确的规划，渐渐地就被其他电动车品牌甩在后头。

大众落后的不仅是自身的电动化技术，还有软件上的问题。作为全球最大的汽车制造商之一，在过去的大部分时间里，大众对于电动汽车的宏图看起来更像一个烟幕弹，好像只是为了掩盖五年前柴油门排放丑闻的遗留影响。相比之下，电动汽车市场的巨头——特斯拉，从一开始目的就非常明确，它将智能软件设计观念融入汽车产品，又率先让汽车可以像电子产品一样能够定期地升级更新，给消费者带去全新的体验。大众品牌对于电动汽车的尝试好像一直畏首畏尾，近几年才开始在 ID.3 电动汽车上尝试升级软件这件事。

虽然大众在执行力方面不乏成就，在软件方面的突破也不少，如自动驾驶、多功能出行服务等，但显然它在电动汽车上的升级没有明确的目的。一方面，单就目前的条件而言，自动驾驶这项技术目前还不太完善，想要完全投入使用仍有难度；另一方面，大众目前正在开发两类软件：一类针对的是无人驾驶的轿车，另一类是致力于提供

“出行即服务”的自动驾驶车队。这两类软件针对的市场定位都比较小众，但又十分耗费大众的核心技术资源。

在这两方面耗费了太多时间和精力的大众，得到的结果却不尽如人意。除了特斯拉，美国和中国的科技巨头也都是大众品牌的对手。就连大众集团的首席执行官迪斯本人也承认，软件把汽车变得越来越像带轮子的计算机，大众对于电动化和软件领域的尝试还不够清晰，还有很多努力要做。他同样认为，软件对汽车工业的改造将比电气化更加深远。

正是由于目的不明确，大众品牌错失了占据电动汽车市场的先机。那么，普通人该如何明确目的，更好地设定并实现目标呢？

首先，应该让目的可视化。明确事物目的最简单且最高效的步骤是：把想要达成的目的完整地写下来，细化生活当中各个领域想要达成的目的。可以先不用思考我们是否能够达成，只管写下来，以便清楚这个目的是什么。通过这一过程，目的在我们心中留下深刻的印象，时常回顾，目的自然就会不断地在我们眼前重复，更加一目了然。

其次，设置完成目的的时间期限。对写下来的每个目的都设定一个具体的时间期限，目的对我们而言就会更加具象。因为没有时间期限的目的叫作幻想、瞎想，就像守株待兔的愚人。没有时间期限的目的仿佛就是为失败准备好了理由，容易自欺欺人。

再次，要明确达成目的过程中的最大障碍。问自己要达成这个目的，你最担心的问题是什么？你和你要达成的目的之间可能会遇到的最大障碍是什么？首先找到这个最大的障碍，其次制订一个有针对性的计划去解决它。静下心来找到关键问题，是迈向成功的重要一步。

最后，明确达成目的所需要的技能和知识。问自己如果要达成目的，还需要掌握哪些额外的技能和关键的知识，以提升专业技能和知识储备。磨刀不误砍柴工，只有掌握了关键技术，才能更好地达成目的。

由此可见，明确的目的，对于长远规划是必要的。无论在工作上还是在生活中，时刻让自己保持有条有理、头脑清醒的状态，可以提高效率。因为目的明确能让有限的资源发挥最大的价值，促使我们不会任意挥霍时间，不会为琐事而纠结，也不会轻易因外界的声音和诱惑迷失自我。明确目的，把执行力集中到核心点上。围绕这个目的，再全力以赴地去行动和思考。人生很短，朝着清晰的方向奋力拼搏，把时间和精力用在真正能创造价值的事情上。

PART5

逻辑破局五：一切皆为我所用

逻辑思维可以帮助我们深入剖析个人问题，并找到有效的解决之道。无论是面临职业抉择、人际关系困扰，还是生活中的各种选择，逻辑思维都能为我们提供清晰的分析框架，使我们能够理性地探索各种可能性，并做出明智的决策。

无论是面对复杂的项目管理还是团队协作中的挑战，逻辑思维都是解决问题的关键。通过分析问题、梳理因果关系和进行逻辑推理，我们能够找到最佳的解决方案，并迅速应对工作中的困难和挫折。

逻辑思维是一种关键的认知能力，它帮助我们分析问题、做出决策并应对复杂的挑战。无论是在日常生活中还是在工作场景下，逻辑思维都扮演着至关重要的角色。通过合理的推理和清晰的思考，我们能够更好地理解事物的本质，从而做出明智而有效的选择。

逻辑与思维为解决问题而生

在人类认知发展的长河中，逻辑与思维始终是推动文明进步的核心动力。从亚里士多德的三段论到现代数理逻辑，从经验主义到理性主义，人类不断突破思维的边界，拓展认知的疆域。在这个知识爆炸的时代，突破固有思维框架显得尤为重要。固有思维框架如同无形的牢笼，限制了我们的认知视野，抑制了创新思维的发展。只有打破这些框架，我们才能在复杂多变的世界中保持清醒的认知，做出正确的判断。这不仅关系到个人的成长与发展，更影响着整个社会的进步与创新。

人们常说“思维决定行为”，而我们的思维模式往往受限于社会经验和个人习惯，导致我们思考问题的方式单一、行动的选择有局限性。为了不断成长和创新，我们需要打破自己固有的思维模式，开拓思维，寻找更广阔的视野。

固有思维框架的形成是一个潜移默化的过程。从童年时期开始，家庭、学校、社会就通过各种方式将既定的认知模式植入我们的思维中。这些认知模式包括价值观念、行为准则、思维习惯等，构成了我们理解世界的基本框架。教育体系中的标准化考试、社会文化中的传统习俗、工作环境中的固定流程，都在不断强化这种思维定式。

思维定式对认知的影响是深远而持久的。它像一副有色眼镜，过滤掉不符合既定认知的信息，只留下能够印证已有观念的内容。这种选择性认知导致我们往往只能看到想看到的东西，而忽视了其他可能性。在科学研究中，这种思维定式可能导致重要发现的错失；在商业决策中，可能造成战略误判；在日常生活中，则可能引发人际关系中的误解。

固有思维框架的局限性在快速变化的时代尤为明显。它使我们难以适应新事物，无法应对复杂问题，在创新领域更是举步维艰。许多企业和个人正是因为无法突破固有思维，最终被时代淘汰。柯达公司在数码相机技术上的保守就是一个典型案例，他们固守传统胶片市场，错失了转型的最佳时机。

在当今社会，创新已经成为推动发展的核心动力。而创新的本质就是突破固有思维，发现新的可能性。从苹果公司重新定义手机，到特斯拉颠覆汽车行业，这些创新都源于对传统思维框架的突破。创新不仅需要专业知识，更需要打破常规的勇气和跨界的思维。

复杂问题的解决往往需要跳出固有思维模式。气候变化、贫富差距、公共卫生等全球性挑战，都无法用传统的单一维度思维来解决。这要求我们具备系统思维、批判性思维和创造性思维，从多角度、多层次来分析和解决问题。例如，在应对新冠疫情时，单纯的医学思维是不够的，还需要结合社会学、经济学、心理学等多学科视角。

个人成长同样需要不断突破思维局限。在职业生涯中，固守某个专业领域可能面临被淘汰的风险。跨界学习、多元发展已经成为新时代人才成长的必由之路。许多成功人士都经历了多次职业转型，每一次转型都是对原有思维框架的突破和超越。

我们经常会陷入“自动驾驶”般的思维过程，习惯性地运用固有的观念和方法。要打破这种模式，首先需要自我觉察并承认存在固有的思维模式。可以通过反思过去的决策、观察自己的反应方式以及倾听他人的反馈来增强对自己思维模式的认识。

例如，我们可能习惯性地采用“黑白思维”，只看到问题的两个极端，而没有意识到还有中间的灰色地带。意识到自己存在这种思维模式后，我们可以尝试给自己设定更多的选项和可能性，从而打破固有的思维框架。

要打破思维模式的束缚，我们需要不断追求新的经历和知识。这包括读书、旅行、参加各类培训和工作坊等。通过与不同的人交流，探索不同的领域，我们可以接触到新的观点和思维模式，激发创造力，扩大自己的思维边界。

举个例子，在国际交流活动中，你与来自不同文化背景的人们交流，了解他们的思考方式和价值观。这种经历能让你重新审视自己的观点，打开思维的大门，接纳新的思维模式。

固有的思维模式往往使我们陷入某种特定的解决方案，而忽略了其他可能性。要打破这种思维限制，需要学会接受问题的多元解决方案。我们可以尝试从不同的角度看待问题，提出多种解决方案，并评估它们的优劣。通过开放思维，我们会逐渐发现更广阔、更创新的解决方案。

举个例子，假设你在工作中遇到了一个复杂的问题。传统的思维模式可能让你陷入局部细节的思考，而无法找到全局的解决方案。但通过接受多元解决方案的观念，你可以从不同的角度考虑问题，调整思维模式，找到更全面、更有效的解决办法。

舒适区是固定思维模式的温床，而要打破固有模式，我们需要不断挑战自己的舒适区。这可以通过尝试新的事物、克服恐惧和表达观点等方式来实现。当我们敢于面对未知和不确定性时，思维模式会得到激发和扩展，我们也能够在挑战中收获成长和突破。

举个例子，如果你平时偏好守旧和避免冒险，你可以尝试参加一项新的活动或者学习一个新的技能。这样的挑战会让你面对不熟悉的情境，促使你打开思维模式的新窗口，获得新的体验与成长。

逻辑与思维是我们理解和解决问题的重要工具，但固有框架往往会限制视野，阻碍创新和突破。通过培养批判性思维、发散思维、系统思维和创造性思维，我们可以突破固有框架，找到新的可能性。无论是在工作中还是生活中，突破固有框架都能帮助我们更好地应对挑战，实现个人和团队的成长与突破。希望本节的探讨和实例，能够启发你重新审视自己的思维方式，勇敢地走出舒适区，探索更广阔的世界。记住，思维的边界，就是你的世界的边界。

知行合一，探索思维边界

人类认知世界的过程，是一场永无止境的探索之旅。在这场旅程中，知与行的关系始终是一个永恒的命题。王阳明提出“知行合一”的哲学思想，不仅揭示了认知与实践的内在统一性，更为我们探索思维边界提供了重要的方法论指导。

认知的深度决定着实践的广度。古希腊哲学家苏格拉底通过不断提问和对话，揭示了“我知道我一无所知”的深刻哲理。这种对认知局限性的清醒认识，恰恰成为推动人类不断探索的动力。在科学史上，每一次重大突破都源于科学家对既有认知的质疑和超越。爱因斯坦相对论的提出，突破了牛顿经典力学的理论框架，开创了物理学的新纪元。

实践是检验真理的唯一标准。中国古代思想家荀子提出“不闻不若闻之，闻之不若见之，见之不若知之，知之不若行之”的观点，强调了实践在认知过程中的决定性作用。在科技创新领域，理论假设必须通过实验验证才能转化为可靠的知识。屠呦呦发现青蒿素的过程，正是理论假设与反复实验相结合的典范，体现了知行合一的科学精神。

知行合一是突破思维边界的必由之路。达·芬奇不仅是文艺复兴时期的天才艺术家，更是将艺术与科学完美结合的典范。他通过解剖学研究人体结构，将科学认知融入艺术创作，开创了写实主义绘画的新境界。这种跨界的思维方式，展现了知行合一在突破思维定式中的强大力量。在现代科技创新中，跨界融合已经成为突破性创新的重要途径，人工智能、生物技术等领域的突破性进展，无不印证了这一点。

站在新的历史起点上，我们比任何时候都更需要践行知行合一的理念。在这个知识爆炸的时代，唯有将认知与实践紧密结合，才能在思维的边界上不断突破，开创人类文明的新境界。让我们以开放的心态拥抱未知，以实践的勇气探索真理，在知行合一的道路上不断前行。

李时珍遍访各地探寻草药，在一次旅途中，他看到前方凉亭下围着一群村民。走近一看，发现一个壮汉醉得神志不清，还时而疯癫乱舞。原来，壮汉喝了一种名为“山茄子”的草药泡的酒。到底是什么样的草药让这个魁梧壮汉失控？李时珍翻阅药典，找到了有关这种草药的记载。但是药典上写得很笼统，仅提到这种草药在坊间流传，名叫曼陀罗。

李时珍决心找到它，做进一步的研究。后来，他终于找到了曼陀罗。书本上的知识并不能满足他的求知欲，他决定亲自尝尝曼陀罗的药性。于是，他用曼陀罗泡了药酒。酒酿好后，他先是试探性地抿了一口，没有特殊的感觉；又饮一口，舌头乃至整个口腔又酥又麻；再尝一口，整个人开始昏昏欲睡，不一会儿竟发出傻笑，手脚也开始不自觉地舞动；最后，他失去知觉，一头栽倒在地。

几个时辰后，李时珍醒过来了。他兴奋极了，立即根据自己的亲身体验记下曼陀罗的形状、习性、产地、生长时期等信息，并且将如何泡酒以及制成药后的服法、功效、反应过程等详细记录下来。朋友埋怨他太冒险了，他却回答说：“不亲口尝尝，怎么能了解草药的功效呢？”

李时珍在探索事物的过程中做到了“有守”与“有为”的有机统一。这种理性的思维方式和认识论是拓展思维边界的一把金钥匙。认识新事物时，一方面，我们要充分预估实践的困难和阻力，设定风险的可承受底线，避免盲目行动；另一方面，要保持积极的进取精神和责任感，充分挖掘自身潜力、激发活力、释放动力，开辟新的思维路径。

提到哲学思想，许多人可能认为它是抽象的、遥不可及的，实则不然。哲学思想不仅体现在复杂的、重大事物的认知过程中，还渗透在日常生活的细枝末节中。认识与改造我们的个人世界，是一个持续不断的过程。因此，要学会将哲学运用到生活中，用哲学丰富我们的日常体验。对于知行合一的理解运用，应像枕边书一样，每天都翻阅，思维的边界是无限的，这是一座挖不完的宝藏。

在漫画大师丰子恺的展览上发生过一件趣事。他的画作《卖羊图》，描绘的是一个农民牵着两只羊，到羊肉馆卖给老板的情形。一位参观的男士看了连连摇头，笑着说："多画了一条绳子。"丰子恺此时就在旁边，他对着自己的画看了又看，心里嘀咕：牵两只羊就是两条绳子，怎么会多出来一条呢？于是，他向这位男士求教。男士微笑着告诉他："看来你没有真的牵过羊。牵羊只需牵头羊，所以不管多少只，只要一条绳子就够了。"

如果说人生是一场夜以继日的海上航行，那么我们在航海过程中遇到的每个新认识、新问题、新挑战都会让我们的心情起伏。在辗转反侧的时刻，疑惑、烦闷和退缩往往会涌上心头。然而，理性的思维方式和系统的认识论就像明亮的灯塔，指引我们穿越迷茫与昏暗。海面永远是不平静的，只有直面挑战、奋力搏击，去认识、去实践、去反思和运用，才能在思维的海洋中找到属于自己的港湾。

“演绎、归纳”的科学思考

演绎与归纳是逻辑学中的两个基本概念。它们常常结伴而行，相互对立又相互影响，互为补充。二者的思维过程是完全不同的。对于初入职场的新人来说，面对繁杂的工作和巨大的压力，学会运用演绎与归纳进行科学思考是十分必要的。

研究表明，很多职场人都不同程度地感到焦虑，可能是因为工作繁忙、事情多，每天都感觉手忙脚乱，或者是因为出现失误，导致返工重做，因浪费时间遭到批评。这类困境大部分出现在不会预先思考做什么和怎么做的职场新人身上。与这些人相比，工作经验丰富且高效能的人总能脱颖而出，关键在于他们的思维方式不同，并且愿意花更多的时间去科学思考。简言之，学会演绎和归纳这两种基本的逻辑方式，可以让我们在工作中更有效率。

锻炼演绎和归纳这两种逻辑思维能力，可以说是职场生活中的必修课。它是所有能力的基础，一开始就正确、条理清晰地思考，不仅能够提升思维和交流的效率，还能有效节省时间。

那么，如何正确有效地使用演绎和归纳这两种逻辑方法呢？

熟悉运动品牌的人可能听说过彪马集团“起死回生”的故事。2014 年下半年，濒临破产的彪马集团做了个“最重要的决定”——邀请美国知名歌手蕾哈娜担任自己的创意总监。原本彪马的母公司开云集团准备关停彪马，没想到一年后，蕾哈娜便以个人品牌 FENTY 的名义，推出了与彪马的联名系列。主打款上线 3 小时就被抢购一空。

蕾哈娜更是将这一系列在各大时装周及日常街拍中频繁展示。彪马从运动品牌摇身一变成了运动时尚潮牌。当季的财务报表更是让集团久违地乐开了花。据统计，2015 年第四季度，彪马的销售额同比增长 11%。

其他运动品牌耐克、阿迪达斯也纷纷效仿。很快，迪奥和耐克便展开了联名合作，同样也是赚得盆满钵满。

人类认识世界规律，往往采用演绎和归纳这两种基本方法。像"彪马的起死回生"这一案例，我们通过从现象总结出一般规律的认知方法，称之为归纳法，其推理逻辑是：联名跨界合作让彪马销售额增长，联名跨界合作让耐克销售额增长，联名跨界合作让阿迪达斯销售额增长，所以联名跨界往往是一种成功的营销方式。当然，我们知道，这个推理是不严谨的，并非每次联名跨界的合作都会成功，还需要经过市场的考验和实践。

归纳法有其不严谨的地方，还有一种更为严谨的认知方法，叫演绎法。古希腊哲学家亚里士多德建立了逻辑学，演绎法作为其中的一部分，也被称为"三段论"。然而，演绎这种思维方式同样存在局限性：因为它的结论始终包含在前提中，所以只能"发现"，不能"发明"。

例如，在数学和物理学领域中，演绎法应用广泛，但它所推导出的规律和定理更多是对已知事物的"发现"，而非"发明"。

若想从多种事物中找出共同点或得出解释性结论，进行创新发明，还得靠归纳的思考方式。归纳法，其实是人类在没有任何逻辑概念的幼儿期的认知方法，是人类最初的认知方式。

了解了演绎与归纳之后，问大家一个问题：职场中，更多的是需要演绎法还是归纳法呢？

科学哲学普遍认为，几乎所有的科学研究和理论学说，都必须运用演绎与归纳这两种思维方法。在现实生活中，我们需要的是演绎法指导下的归纳法。

一般情况下，演绎推理的前提条件是固定数量的原则或规律；归纳则是通过对不定数量条件的分析，最终得出事物的一般规律。

那么，如何运用在演绎法指导下的归纳法呢？使用过程中需要注意以下两点：

首先，总结事物的一般规律时，要确保多数规则的正确性、合理性。例如，某公司的产品在国内销量一直不错，为了增加自身的国际竞争力和影响力，该公司想提高员工的外语水平，因此决定开展语言培训。最后的结果显示，提升外语水平并未显著提高公司的国际竞争力。实际上，该公司难以走向国际化的最根本原因是还没有解决产品的核心技术问题。因此，我们在拓宽思维认知范围的同时，要保证最后结论的正确性，才能在实践中发挥作用。

其次，要打破固有的思维定式，增强对事物的理性思考。工作经验是可以积累的，人脉也是可以建立的，但大多数人的逻辑能力却没有同步提升，问题出在哪儿呢？根源在于多数人的学校教育。学校更强调应试教育，而职场环境千差万别，你可能会遇到这样的问题："这次'双十二'的促销活动应该怎么定？如何加强消费者对产品的关注度？今年的广告预算定多少合适？"这些都是典型的开放式问题，没有标准答案，而解决这些问题正需要演绎法指导下的归纳法。确定活动的核心目标，是归纳；分解目标、制定方案，是演绎推理。总结起来，就是用归纳找到问题的关键突破口，即问题的核心，再用演绎量化行动目标——在职场中你需要同时拥有这两种思维能力。

想要提高演绎能力，就要多进行有逻辑的实践，及时记录自己的想法与观点；想要提高归纳能力，就要养成随时做总结的习惯，能从过往的经历甚至碎片化的信息中，归纳总结出根本规律。如果只埋头做事，懒于思考，你的归纳能力永远得不到提高。

在实际应用中，有些问题适合演绎推理，有些则适合归纳推演，更多情况下，需要将两者有效地结合，以实现“1+1>2”的效果。在职场，结果就是一切，同时具备归纳和演绎这两种能力，才能打开晋升通路。

克服大脑的排斥反应

我们的大脑总是更关注消极的信息，这种与生俱来的消极偏好心理，往往会影响我们的认知。在面对信息时，我们不应被负面偏好操纵，要辅以清醒的理性分析，而不是无意识的本能反应。

社会心理学认为，无论是积极的情绪体验，还是消极的情绪体验，都是以人的内在需要是否得到满足和实现为基础的。当人的需要没有得到满足，或者疑惑、迷茫感增加时，心理状态就会受到干扰，自信心、自控力以及适应能力就会降低。而在群体环境中，怀疑的态度和不信任感持续积累时，消极的暗示和潜意识就会代替人的正常思考和判断能力。一旦不良情绪不能得到有效化解，便会成为一种心理上的负债。

生活中，你是否更愿意按照自己的固有习惯去做事？更愿意按照轻车熟路的方法去行事？是否在学习新知识的时候感到十分吃力，难以吸收？这是一种正常现象，因为我们的大脑存在排斥反应，更喜欢接受简单、直接且熟悉的信息，排斥复杂、烦琐且陌生的信息。因此，我们在学习新知识、开辟新道路的时候，通常要付出更多努力，克服更多障碍。比如，开始学习新知识的第一步难，学习过程中的“遗忘曲线”也会让掌握和应用新知识变得更加困难。其实，排斥改变思维、吸收新知识也是一种惰性的表现，只有克服这种天然的惰性，我们才能做到在信息爆炸、技术进步飞速的当前顺应时代潮流，甚至引领时代潮流，走出更广阔、更长远的道路。

在20世纪六七十年代，三星电子在开发黑白电视机领域时，成功克服了自身的排斥反应，这是一个典型的成功案例。相反，摩托罗拉在这一方面表现不佳，最终走向衰落。如果我们观察身边常见的手机品牌，就会发现当前手机市场的竞争核心在于操作系统。无论是安卓还是iOS，用户在更换手机时更关注系统操作的便捷性，这实际上是一场软件技术的竞争。然而，摩托罗拉的专长在通信领域，固守既有的优势，在原本占据主导地位的通信行业止步不前。由于公司员工主要从事基站、宽带等通信技术研发，在市场需求转变、软件行业崛起的过程中，摩托罗拉缺乏竞争力。同时，它既没有决心开拓新领域，也缺乏足够的实力，只能选择与软件巨头谷歌合作。但由于自身筹码不足，又缺乏破旧立新的魄力，最终被谷歌釜底抽薪，仅留下专利，彻底告别了手机霸主地位。不仅在国际市场，摩托罗拉在中国市场也逐渐消失了。

三星之所以能在电视制造领域大获成功，关键在于它敢于打破舒适圈，克服惰性，不断迈向新领域，学习新技术。而摩托罗拉的衰落，正是因为未能战胜这种惰性。它的通信技术是否不够先进？并非如此，而是它未能走出固有领域，对新的发展方向犹豫不决，最终被时代淘汰。

如果我们在生活、学习和工作中始终停滞不前，终有一天会对这样的自己感到厌倦。长时间原地踏步，会让人渐渐忘记前行的方向，甚至丧失前进的动力。这正应了那句老话："不进则退。"看似停滞不前，实际上已经在退步。

人的一生如果没有追求，生活就如死水般平静，难以泛起波澜，在盲目中度过。缺乏理想和目标的生活可想而知。当闲暇时翻看朋友圈，更会被那些令人羡慕的消息所触动，感慨自己是否已经落后于时代。

刚工作时总向自己借钱的张三，最近却换了新车？当年一起加班熬夜的李四，如今已经开启自主创业模式？曾经被自己不屑一顾的王五，如今已是某自媒体平台的十万粉丝博主……不知从何时起，那些曾与自己并肩奋斗的同学，已提前实现财务自由；而曾一起埋头苦干的同事，有的成为公司高管，拿着几十万甚至上百万的年薪。渐渐地，自己仿佛被他们甩开了好几条街，再到后来，连他们的背影都看不见了。

不过，我们也不必过于焦虑，再大的差距都是一步步拉开的。只要我们有信心，我们同样可以迎头赶上。真正的差距，并不在于我们是否敢于打开朋友圈，直面他人超越自己的事实，而在于我们是否愿意突破自身局限，接受挑战。

在生活中，克服大脑的排斥反应同样至关重要。面对更新、更复杂的知识，我们往往会有“万事开头难”的感觉，而突破这种心理障碍尤为关键。随着社会的快速发展，市场对复合型人才的需求日益增长，各领域之间的联系越来越紧密、互动越来越频繁。想要不被时代甩在后面，就必须持续学习，勇敢接受新知识。如果固守已有的成功，沉浸于短暂的成就感中停滞不前，最终必然会被超越，甚至难以翻身。

自我博弈是一种成长方式

“博弈”最初指的是下棋，后来引申为：在特定条件下，遵循既定规则，一个或多个理性个体或团队，在可选的策略中做出决策，以获得最优结果。在心理学领域，自我博弈指的是一个人在面对不同情况时做出合理决策的能力。如果你在面临选择时总是犹豫不决，无法迅速做出判断，这意味着你的自我博弈能力较弱，在人际关系和社会竞争中也难以快速成长。

自我博弈是我们生活中时刻上演的场景。“天使在左，魔鬼在右”——这句美国谚语恰如其分地描述了人的心理矛盾。而“选择困难症”正是当代人在自我博弈能力上的短板。从“晚饭吃面条还是米饭”这样的小事，到“大学毕业后考研还是工作”这样的人生抉择，我们无时无刻不在进行选择。如果做出了正确决策，人生或许会迎来更光明的前景；但如果选错了方向，轻则影响发展，重则造成长远的不利后果。虽然一个错误的决定未必让人生彻底陷入低谷，但积少成多，问题越拖越多，最终可能导致难以弥补的损失。

有些人可能会说：“既然怕选错，那我不做选择，顺其自然就好了。”但这恰恰是最糟糕的做法。不做选择，意味着你失去了思考能力，只能被动接受社会环境的安排，而不是主动迎接挑战。时间久了，就容易人云亦云，盲目随大流，失去独立判断力。这样的人往往经不起挫折，一遇到困难就退缩，最终很难走出自己的路。

更糟糕的是，让别人替自己做决定。这样不仅不会提升自我博弈能力，还可能做出违背自身需求的选择。世界上没有人比自己更了解自己，别人给出的决定，即便对他们来说是最优解，也未必适合你。未来掌握在自己手中，别人的路再好，也未必是你的方向。正如古人所说："鞋子合不合适，只有脚知道。"人们总是嘲笑"妈宝男"。如果你总是依赖他人为你做决定，那是否也在不知不觉中成了他人口中的"妈宝男"呢?

如何在自我博弈中做出正确的选择，实现快速成长?

首先，在人生的无数次自我博弈中，我们必须明确自己真正想要的是什么。许多心理学和精神病学理论认为，每个人都有多重，甚至相互矛盾的自我或偏好，而自我博弈的关键就是解决这些矛盾。归根结底，你的人生由你自己决定。无论身处何种境地，明确自身需求是第一步。有些人的人生目标是简单快乐地度过每一天；有些人追求精神满足，希望获得荣誉、赢得尊重；有些人则希望积累财富，成为亿万富翁。不同的目标会引导不同的选择，虽然理想不能脱离现实，但它始终代表着个人的真正追求。没有对所有人都适用的"正确"选择，只有符合自身目标的"相对正确"选择。在自我博弈中做出适合自己的决策，才能更接近人生理想，实现真正的成长。

其次，自我博弈的前提是我们总在面临利弊权衡，关键在于弄清自己为何难以抉择。有时，只需列出选择的优劣，答案便一目了然。以"大学毕业后考研还是直接工作"为例，考研的优势在于提升学历、深化专业知识、未来可能有更广阔的发展空间，劣势则包括步入职场时间较晚、可能因同龄人事业有成而后悔，以及高昂的学费可能给家庭带来经济压力。通过这样的对比分析，如果更看重长期发展，考研是不错的选择；如果更在意当下的经济状况，直接就业或许更为合适。

当然，并非所有选择的优劣都如此明显。这时，我们需要对比当前的选项，选择那个最接近自己理想生活的路径。要始终牢记，目标如果错了，走得再远都是弯路；但如果方向正确，即使路途遥远，也是在不断靠近理想。面对人生的各种分岔路口，有些人可能觉得"考研也可以，工作也可以，出国也行，考公务员也不错"，这往往反映了他们对未来缺乏清晰的规划。现代社会充满诱惑，我们需要学会自问："什么才是我真正想要的生活？"

最后，也是最重要的一点：不要害怕在自我博弈中选错。没有人能永远做出正确的决定，成长的过程本就是不断试错和调整的过程。关键不是避免犯错，而是学会从错误中吸取教训，不再重复同样的失误。只要能不断修正前行的方向，我们就能逐步掌握自我博弈的精髓，实现更快速的成长。

自我博弈是一个人在心理和社会生活中迅速成长的重要策略。掌握这一策略，我们就能更自信地面对复杂的社会现实和多变的人际关系。无论是在学校学习，迈出象牙塔步入社会，还是面对家庭和情感问题，自我博弈都是我们不断成长、战胜挑战的关键法宝。

"有所不为"或许更加关键

《孟子·离娄下》有云:"人有不为,而后可以有为。"他的原意是强调做人要懂得审时度势、学会取舍。我们要做的事情很多,但每个人的精力有限,应该把有限的精力投入更有意义的事上,适当放弃那些意义不大或浪费精力的事。这是对"有所为和有所不为"的深刻解读。事实上,比起"有所为","有所不为"更为关键。

在日常生活中,我们每个人都清楚自己该如何"有所为",但却常常无法明确"有所不为"的范围。比如,学生知道应在学业上有所作为;企业员工明白要在事业上取得成就;官员也应在治理上有所建树。然而,很多人对于"有所不为"的认知却不够清晰。

在企业发展中,"有所不为"的思维尤为关键。全球有无数企业,能做大做强的企业领导也有很多,他们都是"有所作为"的成功者。同样,也有很多失败的企业家。我们常看到,创业者无论年龄大小,从在校大学生到已经退休的老人,创业的群体非常庞大。然而,世界上成功的创业者却屈指可数,比如比尔·盖茨、任正非、李宁等。尽管创业者人数众多,但成功的是少数。创业并不是凭一时冲动。许多初期创业者往往会失败,因为他们不懂得策略,仅凭一腔热血去创业,渴望有所作为,却忽视了"有所不为"更为重要。他们过度关注自己能做什么成功,而忽略了创业过程中哪些"雷区"需要避免。

例如,小体量商贩应利用自身灵活的优势,专注于某个领域寻求突破，而不是将有限的资源分散到多个方向，盲目宣传、打广告、拉加盟。这样看似忙碌，实际上每个方向投入的资源有限，最终什么也做不成，还可能面临倒闭的风险。

这就是不懂得“有所不为”的典型案例，实际上也表现为过度的“有所为”。成功的企业通常会有明确的核心竞争力，秉承“酒香不怕巷子深”的原则，不会过度宣传，只会适度而为。然而，某些企业在开业后，却将所有资源集中在广告、宣传和促销活动上，甚至将这些活动包装得喧宾夺主，导致顾客关注的不是产品本身，而是各种福利。这种过度宣传可能最终导致虚假宣传的滋生。因此，过度的“有所为”实际上是一种“不可为”的行为。成功的企业领导者往往懂得，在面对虚假宣传等问题时，必须“有所不为”。

再来看看大型企业中不懂得“有所不为”带来的后果。创建一个企业，需要长时间的积累与精心准备，包括明确发展方向、确立核心竞争力、合理安排人员等。这些初期的打磨和规划是任何成功企业不可或缺的基础。如今，许多在商业界声名显赫的大型企业，最初也正是在这些方面做了充足的准备，确保了“有所作为”。然而，尽管如此，这些企业中也有不少最终走向衰落。

企业能否长久生存，关键在于领导和员工是否清楚哪些方面应该“有所为”，哪些方面需要“有所不为”。在利益的旋涡中，许多人容易迷失自我，为了追求眼前的利益突破底线。正如古话所说，“人心不足蛇吞象”，人性中存在贪欲，如果不能管控诱惑，缺乏“有所不为”的智慧，企业就难以实现持续的成功。

企业要想成功，领导不仅需要善于利用人才，公平公正地进行分配，避免徇私、不克扣员工利益、不任人唯亲，还要懂得“有所不为”。员工也应当各司其职，认真对待工作，遵守职业道德，确保不做任何危害公司利益的事。只有大家共同理解并践行“有所不为”，企业才能实现持续发展。

这种思维其实从学生时代就开始影响我们。作为学生，我们的责任是学习，设定明确的目标（如月考排名、期末考试分数或高考成绩），但问题在于，如何实现这些目标。许多学生为了提高成绩，采取盲目刷题的方法，四面出击，结果却发现努力无效，甚至成绩下降。这种无效的努力，正是因为他们没有学会“有所不为”。

时间和精力是有限的，做任何事都必须有所取舍。不能面面俱到，结果可能是“面面都不到”。要想取得成果，就要专注于最重要的事情，学会放弃不必要的事物。正如俗话所说，“有舍才有得”。懂得放弃，才能收获更多。

一天的时间有限，精力也有限，专注于某一方面必然会影响其他方面。我们无法面面俱到，因为过于分散精力的结果往往是“面面都不到”。要取得成效，必须学会区分哪些事情是必须做的，哪些可以放弃。学会“有所为”，懂得“有所不为”，才能集中精力，重点突破。正如俗话所说，“有舍才有得”。不懂得放弃，怎么能获得真正的收获？

毕竟，任何事情的重要性和紧迫性都有轻重缓急，平均用力、事事“有所为”，只会浪费精力。“有所为”并不难，难的是如何做到“有所不为”。世间的诱惑无处不在，我们能做的、想做的事很多。如何在工作和生活中抵制诱惑，做出“有为”和“不为”的选择，这不仅是企业领导必须具备的能力，对于普通人来说，也是必修的技能。

让领导做选择题，而不是思考题

进入一家企业，首先要为自己定位，明确你的任务是为企业解决问题、创造价值。最终的目标是尽可能做好本职工作，帮助公司实现利益最大化。

无论你身处哪个部门、何种职位，面对工作中的问题，不要等待和依赖他人，而要迅速行动。及时、有效地整理并提出解决方案，交给有决策权的领导，让领导面对的是选择题，而不是思考题。

不要害怕遇到问题，因为问题正是你展示能力的机会。在你提供的多个方案中，领导能看到你认真、细致、努力的态度，也能看到你的能力。你的方案不仅体现了你对工作的理解、韧性，还反映了你的视野和初心。

如果你的解决方案足够出色，领导一定会注意到你，晋升和加薪也将水到渠成。

商界女传奇周凯旋在获得约 4 亿港元的东方广场顾问费后，曾游遍香港中环的所有奢侈品商店，发现自己无论在哪个店，都有足够的底气不看价格。虽然最后什么也没买，但她无疑已经成了一个实实在在的富豪。

五年时间，她不仅完成了东方广场项目，还获得了普通职员一辈子都无法企及的高额财务回报。那么，她是如何做到这一切的呢？

周凯旋对项目进行了详细的调研，准备了数轮材料。她在项目中的投入极为专注，从拿地、拆迁到建设，她的方案涵盖了各个环节，且对各种可能的情况进行了周密的考虑。正是这种精细的策划，使她在与李嘉诚见面时，仅用 5 分钟便让李嘉诚做出了是否参与项目的决策。周凯旋近乎完美的企划方案，不仅让李嘉诚决定接下该项目，还同意了她 2.5% 佣金的提案。

一战成名，东方广场项目让周凯旋迅速走入公众视野，名声大振。

遇到问题时，能迅速提出解决方案，让领导做选择题的人，显然是积极向上的。制作方案的过程不仅是对能力的极大提升，也是一种锻炼。在这个过程中，你需要深入调研，找出问题的根本，提升站位，从领导和公司层面看待问题，并规避各种不可控因素，完善方案。这对于普通员工来说虽然辛苦，但也充满了成长机会。

当领导从你提出的方案中优选出最合适的时，你在领导心中的分量必然得到提升。下次再有问题，领导肯定会首先想到你，征求你的意见。赢得领导的信任和肯定，离升职加薪便不远了。

细心观察，你会发现，领导身边那些被重用和信任的人，往往不一定是能力最强的，但他们有一个共同特质：在领导遇到问题时，他们能够提供可行的建议和建设性方案，从不害怕问题，且绝不消极等待。

相反，许多人能够主动提出问题，并附上可行的解决方案。他们清楚自己在公司中的角色，始终明白决策权不在自己手中，而是掌握在领导的手中。提供解决方案让领导选择，一方面是对自己工作的负责，另一方面也是对自己能力的提升。同时，这也是一种聪明的做法，它帮助他们摆正了自己在公司中的位置——我执行任务，但决定权始终在你手里。

通过深入分析利弊，他们已经为领导准备好了最优选择。这样一来，他们既能确保对整个项目保持把控，也能高效完成工作，避免走弯路。

历史上著名的贾让治河三策，就是通过全面分析利弊，为后人留下的最早治河文献之一，展现了这一原则的智慧。

在汉哀帝时期，黄河水患严重，频繁决堤和漫河，给沿河百姓带来巨大的危害。贾让上书朝廷时，他没有直接提出应如何处理，而是分析了利弊，提出了三种治河方案：上策是人工改河道，从根本上解决黄河已成悬河的问题；中策是开渠引水，既能分洪灌溉，又能发展航运，尽管投入较大，但收益显著；下策则是年修年补，虽然简单且广为人知，但效果有限。

贾让提出这三策时，已经明确给出了自己的立场：上策实施难度大，受限于当时的物力和财力；中策则最为平实、易于施行且效益最大；下策最为普遍，人人皆知。由此可见，贾让通过深思熟虑，在提出方案时，主动掌控了决策权，始终维持着主导地位。

如果你在职场中感到自己的才能没有得到充分发挥，项目上没有太多的选择自由，工作按部就班，晋升无望，不妨在遇到问题时像贾让一样，提出多个方案供领导选择。只有这样，你才能有效参与工作，将自己的想法、才华和能力转化为业绩，为职场晋升加码，离成功更近一步。

然而，要做到让领导做选择题而不是思考题，并非易事。这不仅需要我们在业务能力上不断提升，还要积极参与企业的多岗轮值，全面了解自己和公司。只有具备了广角视野，才能从本质上理解问题，并制定出合理的解决方案。

PART6

逻辑破局六：在规则和思考中突破

我们生活在一个由人类信念、思想和行动构建的世界，这个世界在潜移默化中影响着我们的生命。就像鱼最终才意识到自己生活在水中一样，我们通常也在最后才发现自己正处在人类思想的海洋中。普世规则教会我们如何去爱、如何饮食，以及各种衡量自我价值的标准。然而，时代的进步要求我们不断突破思维的限制。

一个成功的人，不仅需要打破常规，敢于思考常人不敢想的事情，还要打破固有的思维和规则，在这个固化的思想和意识的海洋中开辟新的道路。同时，独立思考的能力至关重要。只有通过独立思考，我们才能坚定决心，不被他人的想法左右，才能在人生的海洋中披荆斩棘，创造属于自己的辉煌。

把握规则的动态演变

历史是人类最好的老师，研究行业历史、借鉴行业经验，可以为我们开创明天提供更多的智慧。你能看到多久的过去，就能预见多远的未来，而规则，则是把过去与未来紧密联系在一起的纽带。

关于规则的起源，有这样一则著名的管理学寓言：科学家将五只猴子（代号 A、B、C、D、E）同时关进了一个铁笼子里，笼子里有一个水龙头和一串假香蕉，这串假香蕉是个机关，只要有猴子碰到它，水龙头就会被触发喷出水来，并把猴子们全部淋湿。一开始，这五只猴子不了解情况，都想去拿假香蕉，但无一例外，都被淋湿了。经过几次尝试后，猴子们发现了这个奥秘，便学乖了，并达成了共识：谁也不要去拿香蕉，以免被水淋湿。按照这个共识，猴子们相安无事地相处了一个月，之后，科学家用一只新猴子 F 替换了笼子里的猴子 A。新猴子 F 刚来时，看到香蕉也特别想去碰，但每次还没碰到就被其他猴子暴打一顿。尝试了几次后，猴子 F 被打得遍体鳞伤，不再去碰香蕉了。这时，科学家又用新猴子 G 替换了笼子里的猴子 B。新猴子 G 看到香蕉和当初的猴子 F 一样，也想去拿，但结果也和猴子 F 一样，还没碰到就被其他猴子一顿暴打（在打 G 的猴子中也包括当初新来的猴子 F）。后来，猴子 G 被打了几次后，也没有了拿香蕉的想法。这时，科学家又用新猴子 H 替换了笼子里原来的猴子 C，于是这一幕再次上演。半年后，笼子里的五只猴子都被这样换走了，而新来的这五只猴子都不敢去碰香蕉，它们也不知道为什么不能碰，只知道一碰香蕉就会被群殴。规矩就这么被传承了下来。

通过这个实验，我们不难发现，规则的形成是通过前人的经验和教训总结出来的，是历史的积累，行业规则也是如此。没有一个行业是凭空产生的，而这些行业的规则往往是那些先行者或行业老大所制定的。所以，作为企业，要想进入一个行业并在这个行业有所发展、有所成就，就需要了解这个行业的规则，研究它所形成的历史，这样才能发现其内在规律，为己所用，并找到新的突破。

规则不是静止的，也不是一成不变的，相反，规则总是随着环境的变化而不断变化，是一个动态的、周期性的概念。世间万物都逃不开周期性，从婴儿到少儿到少年、青年、中年，进入老年到死亡，这就是人的生命周期。同样，每个行业都有自己的行业周期，国家也有国家周期。传统的商业模式大致可以把企业盈利的周期分为暴利期、微利期和无利期。进入无利期，行业中大多数企业都会倒闭，寡头企业的集中度越来越高，可能剩下 20% 的企业可以勉强活得下去，其他的企业只能苟延残喘。最后，只有两三家高度集中的企业活得很滋润。以美妆行业为例，上一个面膜周期经历了从暴利到无利再到最终沦为配赠品，冻干粉、原液也即将进入无利期。企业必须适应环境的周期性变化，不断调整和修正策略，否则，将丧失市场中的竞争机会。

以史为鉴，可以知兴替。历史虽然不能重复，但规律可以参考。研究行业规则的形成，可以让我们的眼界放宽，提高看问题的敏锐性和处理问题的能力，并对未来市场的发展趋势有所预知，做好应对准备。

埋藏在历史尘埃中的，不只有废墟，更有鉴往知今的大道至理。在前行的路上，我们常常会迷茫、困惑，走到分岔路口时不知道该如何选择。而有智慧的人，往往能从历史的长河中撷取到埋藏在泥沙中的金子，充盈大脑，开阔思维，进而更好地把握现在，定位未来。

从工业革命到人工智能，无疑是生产力的又一次突破。在过去的工业时代，主角是工厂的工人；在现在的信息时代，主角是知识分子；而在未来的人工智能时代，主角将会是那些富有创造力的人。随着技术的发展，司机、会计等职业将逐渐被机器人取代。未来人类将像上帝一样，躲在“机器”背后，观察并操控这个世界。

在规则中创造“另类”

当市场从物质追求转向精神追求时，价格便不再是焦点，吸引力才是关键。在大众眼中，“另类”便是极具吸引力的存在，这些独特的存在往往能够打破常规，在市场中创造出强烈的冲击力。

消费行为正在发生转变，从“需要”到“想要”，从“必需品”到“必欲品”。近几年常有人提到“顾客变精”，即“顾客成熟化”现象，这一概念源自消费行为学，是过度营销的后遗症。虽然大众商品一时营销成功，但总会被下一个更具吸引力的商品取代。当人类对“美的需求”得到满足时，他们会进入逃避消费的阶段，逃避那种执着于拥有后所带来的“空虚感”。未来的商品不再是单纯的消费品，而是帮助消费者展现自我、塑造独特身份的工具。因此，消费者的“空虚感”容易使他们被“另类”商品吸引，只有“另类”才能满足他们的猎奇欲。

江小白，自2012年创立以来，便成为白酒品类中的一个“另类”。它的出现打破了传统白酒的形象。白酒在市场上通常给人稳重、浓郁历史感和财富象征的印象，是一个“高大上”的存在。而江小白逆势而行，专注于年轻人市场，尽管与传统白酒看似完全无关。无论是包装还是营销，江小白都走了一条简单、纯粹的路线，甚至通过瓶身表达的独特方式，迅速点燃了整个营销领域。正是这些“另类”的做法，使得江小白从激烈的市场竞争中脱颖而出，成为酒类行业的一匹黑马。

江小白以完全相反的方式，在市场中创造了“另类”，并成功找到了自己的存在感。除了这种逆向思维，跨界合作也是创造“另类”的有效途径。随着互联网的深入以及新消费群体的崛起，传统行业的界限变得愈发模糊。在这种趋势下，不同品牌、不同行业之间的跨界合作日益频繁，创造了许多优秀的跨界营销案例。

2015 年，中涵国际与中国青年旅行社联手推出“你旅游，我买单”活动，组织了全国美容化妆品合作店的百场客户答谢会。消费者只需在中涵国际全国合作店购买“黑头一抹净”或“黑头＆仙水”，便可免费参与为期 6 天 5 晚的泰国品质旅游，费用全免。通过这一合作，“黑头一抹净”迅速提升了在三、四线市场的影响力。在推动这一项目的过程中，双方通过资源整合，利用彼此的渠道和资源，在消费能力较低的县级市场实现了最大化的利益。仅一年内，中涵国际就为青旅带来了近万人次的游客。美容与旅游的跨界合作突破了常规，组合创新出新的消费载体。

云南白药牙膏也是跨界合作的成功案例之一。云南白药将药企与快消品行业结合，成功突破了牙膏市场的低价局面，打造出了首支单价超 20 元的高端牙膏品牌。这一创新不仅具有引领性，还推动了中国牙膏市场的崛起，进入了一个新的时代。在传播方面，跨界营销可以使品牌在不同领域之间实现传播，挖掘出新的消费群体。例如，脑白金通过将保健品与礼品结合的创意，使得这一产品在礼品消费人群中获得了青睐。

一次成功的跨界营销往往能带来 1+1>2 的效果。这种营销模式不仅能提升双方品牌的知名度，还能为消费者提供更优质、更个性的消费体验，真正实现企业与用户的双赢。作为一种新型的营销方式，跨界合作使企业从以产品为中心转向以用户为中心，有效改变了传统模式下资本决定实力的局限性，扩展了产品的应用范围，并增强了企业品牌的张力。

“跨界”的本质是整合与互补，追求的是企业之间强强联合，资源的整合与互补。随着市场消费观念的不断升级，当一个文化符号无法充分诠释一种生活方式，或一个品牌无法满足某种消费体验时，我们可以选择跨界合作，通过整合多方资源实现共赢。

有这样一个比喻：一只鹰想要飞向天空，但它背负着一块金子。如果它坚持带着金子飞，它的翅膀会变得沉重，飞得既累又不高。与其如此，不如放下金子，才能飞得更高更远。选择带什么，不带什么，是由我们心中的目标决定的，而不是由眼前的现状决定的。做一个有态度的跨界创业者，需要对未知领域保持敬畏之心、好奇心和探索力。相比之下，行业内的人往往背负着经验的包袱，步伐变得越来越沉重。

能指引你更上一层楼的规则

学习他人的经验与长处，是完善自我、走向成功的最佳途径；向成功的人学习成功的方法，是取得成功的捷径。

你和什么样的人在一起，就会有什么样的人生；你向什么样的人学习，就会取得什么样的成绩。

“孟母三迁”的故事完美诠释了“百万买宅，千万买邻”的道理。只有接触到合适的人和环境，才更容易实现自己的目标。经营企业亦是如此：如果希望企业做大做强，就应该向行业的领军人物学习，借鉴他们的成功经验。

能量是会传递的。社会学中的“同群效应”指出，个体的行为和表现深受其所在社交圈子的影响。人类是群居动物，一个人的成长受周围人和环境的影响极大。与勤奋的人为伴，你不会懒惰；与乐观的人为伴，你会看到希望；与勇敢的人为伴，你会有更多可能。正如“近朱者赤，近墨者黑”，这个道理提醒我们，圈子决定人生。

如果想改变生活，提升事业，就应该调整自己的圈子，远离消极和悲观，主动接触充满正能量的人。

在我们的一生中，会遇到许多人，而这些人往往可以分为两类：

一类人，是那些日复一日、年复一年没有变化的人，通常被称为“老样子”。他们每次见面，聊的都是生活的不如意，事业的不顺心，似乎从他们的眼神里看不到对未来的任何憧憬。

另一类人，恰恰相反，每次见面，他们总能分享一些新鲜的事物，身上有某些独特的东西，深深吸引着你。尽管你们可能不是最亲密的朋友，甚至在一些看法上有分歧，但每次和他们的对话总会让你有所收获，带给你改变的动力。

笔者曾经历过一段颓废的日子，那个时候，我感到生活茫然无措，不知道未来的方向。虽然心里知道不能继续这样堕落下去，应该振作起来，却不知从哪里开始。那时，我觉得自己仿佛深陷在无底的深渊中，怎么努力也无法爬出来。周围那些同样消极的人，不但不能提供任何帮助，反而让我更加沉沦。

然而，在互联网平台上，我遇到了一个女孩。她是一名摄影师，常常去全国各地拍摄美丽的风景。她在平台上的每一次更新，都能让人感受到她脸上的自信和全身的斗志。她分享了许多新鲜的故事，比如:“我上周去了西藏！”“你知道云南的洱海有多美吗？”“我在一家民宿找到了一份兼职，拍照的住宿费都省了！”“上次拍照时，我又结交了几个有趣的朋友！”

尽管她只是一个普通的摄影师，并不会很富裕，但她的每一天都很忙碌，有乐趣和意义。相比之下，这种生活是许多碌碌无为的人所无法比拟的。

这位摄影师积极乐观的生活态度可以让我们意识到，生活不该停滞不前，人生充满了无数的可能。鸡毛蒜皮的小事不足以成为我们的全世界，那些暂时的小不幸，不值得让我们放弃对美好生活的追求。心中有阳光，在哪里天空都灿烂；接近正能量的人，你的心胸会变得更广阔，你的人生也会充满无限可能。

雄鹰若在鸡窝里长大，即使翅膀再强大，也无法飞上蓝天；猛兽若成长于家圈，即便獠牙锋利，也无法称霸山林。若你想飞得更高，就不要与鸡鸭为伍；若你想威震山林，就不要与猪羊为伴。

正能量的人是良师益友，是值得学习的榜样。站在巨人的肩膀上，你才能看到更远的未来，才能快速成长。但学习他人时，不是盲目地模仿，而是要灵活地运用所学，抓住关键点。正如国画大师齐白石所说："学我者生，似我者死。"学习他人可以，但不能单纯地依葫芦画瓢。就像东施效颦，她看到西施因捂胸皱眉而得到称赞，便盲目模仿，结果却遭到嘲笑，正是盲目跟从的后果。

学习他人时，不能仅仅复制外表的做法，要理解别人成功的核心，抓住那些值得借鉴的本质。学习成功的企业，也要明白自己需要学习的真正内容，而非表面现象。

京瓷公司的管理理念吸引了大量企业前来学习，但许多企业往往只学了表面，未能理解其核心本质，最终未能达到京瓷那样的成就，甚至闹出笑话。这表明，盲目模仿和不懂得活学活用，会导致学习失败，甚至自乱阵脚。这就是不能活学活用，不能抓住学习本质的典型例子。华莱士的创业故事揭示了盲目模仿的危险。尽管华怀庆和他的哥哥在经营模式和产品上向肯德基学习，然而他们没有考虑到三、四线城市和一、二线城市在消费水平上的差异。肯德基在高消费的城市定价较高，而华莱士忽视了这一点，导致初期生意不佳。

通过调查，华氏兄弟意识到了问题所在：他们的产品定价过高，不能与当地的消费水平匹配。调整定价并进行促销后，他们的业绩回升，逐渐成长为一家有规模的西餐连锁店。这一案例告诉我们，学习他人的成功经验时，必须深入分析并理解成功的本质，结合自己的实际情况，才能有效地运用这些经验，而不是一味模仿。

读万卷书不如行万里路，行万里路不如名师指路。学习和研究成功的企业可以帮助我们找到捷径，少走弯路，但不可生搬硬套、盲目模仿。每个企业的成功，都是由其特有的环境和条件所决定的。因此，在学习他人经验时，我们不仅要看到成功的结果，还要分析促成成功的外部因素，做到有的放矢，活学活用。

和聪慧的人在一起，你会变得更加睿智；和优秀的人在一起，你会脱颖而出。所以，最重要的不是你是谁，而是你选择与谁为伍。

既能遵守规则又能打破陈规

有限制，才有自由；有规则，才有变革。内和谐，外适应，我们要学会戴着镣铐，与规则共舞。

荆轲刺杀秦王时，图穷匕见，拿着匕首在殿上追着秦王跑。由于事出突然，秦王惊慌失措，剑一时拔不出来，便只能绕着柱子躲避荆轲的攻击。当时，秦国有一条规定：在殿上侍奉的臣子不得携带兵器，守在殿外的侍卫如果没有秦王的命令，也不能随意进殿。于是大家只能干着急，替秦王焦虑。眼看荆轲就要得手，危急时刻，秦王的随从医官夏无且急中生智，拿着药袋朝荆轲砸去。荆轲停下脚步，试图用手去挡药袋，这一刹那，站在一旁的臣子们大喊："大王负剑于背！"这一瞬间，秦王终于反应过来，拔剑砍断了荆轲的大腿。荆轲死后，秦王重赏医官夏无且两百镒黄金，并称赞道："无且爱我，乃以药囊提荆轲也。"夏无且因此一举成名，留名史册。

秦王当初设定这些规则是为了保护自身安全，但他没有考虑到灵活变通。规则本应有其必要性，但当规则过于僵化时，反而束缚了应对突发情况的灵活性。荆轲行刺之时，秦王的侍卫因规则的限制，不能及时救助，最终导致危机加剧。规则的制定本意是为了保护，但若缺乏应变能力，规则也会变成束缚。

一条道走到黑是不可取的，一味死守规则也是行不通的。做一个好人不难，难的是做一个有智慧的好人。利益面前见人心，很多人为了利益会采取不择手段的方式，而那些死守规矩的人，往往会因老实被淘汰。长此以往，大家也不再坚持原则。经济学中有句话，“劣币驱逐良币”，放在社会中就是“坏人驱逐好人”，如果你只会做一个好人，迟早会被淘汰。

我们从小受到的教育告诉我们要做一个善良的人，要遵守规则。然而，进入社会后我们会发现，好人往往受欺负，反而是那些坏人受益。为什么会这样？因为好人往往顾虑过多，在面对利益时首先考虑的是遵守规则，而坏人毫无顾忌，往往为了利益不择手段，肆意妄为。

社会上有许多规则，但这些规则背后，隐藏着弱肉强食的社会本质。面对这样的现实，就需要我们做个有智慧的好人。有智慧的好人，就是在不违反规则的前提下，能够打破陈规、灵活变通，为自己谋取正当利益。

犹太人做生意非常守规矩，但他们能在不改变这些规则的前提下，灵活变通。有一位犹太人来到某银行的贷款部，要求借1美元，并从皮包中拿出价值50万美元的股票作为担保。业务员看到他财大气粗，再三确认：“您真的只借1美元？”

“是的，我只借1美元，据我所知，贵行有借款上限的规定，但下限没有规定，所以我借1美元应该是可以的吧？”犹太人反问道。

“当然可以！只要有担保，您想借多少都可以，我的意思是，您既然有这么多担保，完全可以多借一些，您觉得呢？”

“谢谢，我只需要借1美元。”犹太人礼貌地点点头，准备拿着1美元离开银行。

这一幕正巧被银行行长看到了，行长怎么也搞不懂，为什么一个拥有50万美元股票的人，偏偏只借1美元。为了弄清楚原因，行长赶紧追上去问：“先生，请稍等，我实在搞不明白，您既然拥有50万美元的股票，为什么只来借 1 美元？您知道，只要您开口，三四十万我们很乐意借给您……”

“不必为我操心。”犹太人打断道，“也许您不知道，我借钱其实是为了存钱。这些价值 50 万美元的股票放在家里实在太不安全了，而金库的保险箱年租金又太贵了。所以，我就想到在贵行这里寄存这些股票，毕竟借 1 美元的年利息才 6 美分，实在太便宜了。”

这个犹太人利用规则中的空隙，通过合法且巧妙的方式，解决了存钱和安全的问题。

这虽然是一则笑话，却蕴含了活用规则的智慧。按照常理，人们首先会想到将贵重物品存放在保险箱里，但这位犹太商人不仅打破了常规思维，还另辟蹊径，找到了既不破坏规则，又能以最低成本存放股票的方法，这种方法甚至比传统方式更安全。这个笑话也提醒我们，巧妙运用规则的前提是先熟悉规则，只有熟悉它，才能找到利用它的方法，才能在规则中发挥创造力。这就像“内儒外道”，只有真正“出世”的人，才能真正做到“入世”。

既然地球是圆的，我们就能够找到无数条通往罗马的大路，也能运用多种智慧去打破陈规。但在利用规则时，我们依然需要坚守底线，因为规则的制定通常是基于某种底线的。这种底线就像孙悟空为唐僧画的那个圈，在圈内，坚守底线，我们能保持自由和安全；一旦越出圈外，那就意味着危险，因为谁知道什么时候你会陷入困境，甚至被妖怪吞噬。

真正值得尊敬的企业，不是那些发展和扩张最快、规模最大的企业，而是那些始终如一地坚持创造商业价值和社会价值的企业，是那些始终坚守自己底线的企业。它的存在，不仅是行业的幸事，也是社会的福祉，更是企业自身的幸运！因此，企业应当坚持自己的产品价值、商业价值和存在的意义，这是其不可动摇的商业底线。

拘泥于规则，可能会让你失去灵活性；而无视规则，也不会带来好的结果。在规则的框架内，我们依然可以自由地创新，因为规则本身并不意味着束缚。恰恰是这些规则的约束，让我们有了创造的空间。

好人和蠢人之间，其实只有一线之隔，这条线就是“原则”；善良与残忍之间，也常常只差一个“无知”。做好人是应该的，但你的“好”需要有底线；你的善良也要带有锋芒，否则，它只能沦为别人眼中的笑柄。

无底线的容忍等同于放纵，缺乏理性的善良也是毫无意义的。做一个好人，必须有智慧和深思熟虑。要与这个世界和谐相处，我们必须学会在荆棘丛生的道路上勇敢前行的方法。

从喧哗的表象中看到需求

企业的成败，决胜于需求分析。对于企业来说，只有先挖掘出市场的需求，才能进行相关的产品和服务的推广。

然而，大多数公司的问题是，他们所认为的市场需求只是表面的，并没有深入挖掘用户真正的需求。他们相信自己知道客户需要什么，也相信自己知道客户想要的产品是什么，但最终会出现，给了客户 A 产品，而客户实际需要的是 B 产品的状况。

下班时，几个同事一起走，男同事看到女同事手上提着一个笔记本电脑包，肩上背着一个时装包，就觉得她这样拿两个包太麻烦了，说如果有一种既能装日用品，又能放笔记本的包就好了。不料，女同事听后却说："我是因为一个包太重了，所以才提两个包的。你看一个提着，一个背着，这样就不觉得重了。"男同事的这种想法，就是没有正确了解女同事的需求所导致的。这也说明了市场的需求其实是有隐藏性的，而这些隐藏性需求，往往存在于客户的情感层面，存在于他们的"急、难、愁"之中。客户迫切想解决但自己又不好解决的问题，这才是真正的需求。

急客户所急，解客户所难，才能真正抓住客户的需求。

某公司想从员工中选拔一名人员担任销售部经理，经过几轮筛选，三名员工入选。为了测试谁更适合这个职位，老板给他们三个出了一道题：谁能成功说服老板买下这瓶矿泉水，谁就能当经理。

第一个员工对老板说道："先生，您是个知识渊博的人，刚才和您的一番交流让我学到了不少东西，说了这么多话，您现在一定口渴了，您要不要喝这瓶水？”听完第一个员工的话，老板摇了摇头拒绝了。

随后第二个员工上场了，他用祈求的口吻对老板说：“先生，我知道您是个好人，我最近失业了，可家里还有两个孩子等着我去养，您能不能行行好，买我一瓶水？”老板依然摇了摇头。

轮到第三个员工时，只见他一言不发走到老板面前，从口袋里掏出一个打火机，“啪”的一声把老板的领带点着了。“你干什么？快把水给我！”老板惊慌失措地抢过他手里的水，浇灭了领带上的火。测试结束后，老板任命第三个员工当了销售部经理。

在这场测试中，只有第三位员工真正挖掘出了客户的需求，因为他满足了客户迫切想要“把领带上的火浇灭”这一需求。在生活中，那些越是不方便、做起来困难的事情，其实就是需求的出发点。如果你的企业提供的产品能解决这类问题，那么你就找到了一个好的项目。

有一个工人在工厂上班，有一天他发现了一个让人非常痛苦的问题：工厂的仓库内没有空调，每到夏天这里就非常炎热，干活的人难以忍受。于是，他想到，要是能放一个移动空调在仓库里就好了。有了这个想法后，他开始在市场上寻找相关产品，最后找到了一家专门生产这种空调的厂家。他从这家工厂进货，并在网上开了一家店铺，专门卖工厂用的空调。由于市场需求量大，竞争者又很少，他的店铺当月就卖出了100多台。

“麻烦”才是成就你的机会。主动承担分外之事，往往是发现机会的起点。但机会总是乔装成“麻烦”，让人很难察觉。大多数人遇到麻烦时，第一反应往往是逃避，从而错失了机会。当别人交给你某个难题时，也许正是为你创造一个珍贵的机会。对于聪明的员工来说，他总是乐意自找“麻烦”。多做一些事情，你的地位就会越重要。

在泰国首都曼谷，有一座雕像：它的正面是一位婀娜多姿的女人，但她的脸被头发遮住了，让人看不清，而脑勺则光秃秃的，身上也一丝不挂。

泰国人称其为“机会女神”之像，设计的寓意是，当机会来到你身边时，往往你看不清它的模样；等机会一走，你才会恍然大悟，而此时再试图去抓它，就已经抓不住了，因为它的背后是光秃秃的，空无一物。

这一寓意十分形象。我们生活的时代并不是没有机会，而是机会太多太多，大部分机会都与我们擦肩而过。升职加薪的机会、结交新朋友的机会、拥有恋情的机会……这些机会之所以常常抓不住，往往是因为它们的到来不符合我们的预期，常常是丑陋、不易识别的。

当生活中出现困难时，往往正是需求的开始。职业搭配师的出现，正是为了帮助客户解决搭配困难。当你在网上购买衣服时，开始关注搭配问题，这时需求已经出现，而你自己缺乏相关知识，于是专门为客户解决这类问题的搭配师和买手应运而生。

知识付费也是顺应时代发展的产物。随着人工智能的进步，未来大量人员将面临失业的困境。如果不主动学习、不努力提升自己，必然会被淘汰。因此，急需学习更多知识来提升自己，知识付费应运而生。

同样，快递行业发展无人机的原因，很大程度上也是为了应对在大山中送快递不便的问题。

有人曾说：“乐观的人在每个危机里看到机会，悲观的人在每个机会里看到危机。”危机不仅考验企业的应对能力，还能消灭或削弱许多同行和竞争者，使那些具备优秀基因的企业在危机过后更容易成长。危机是对投机与否的检验，只有那些认真执着的企业，才能经历风雨而变得更加强大，而不是被泡沫淹没或被暴风雨摧毁。

客户的真正需求，往往源于他们对生活中的种种不满。企业如果能够抓住客户的真实需求，不仅能够改进自身的产品性能和服务质量，还能帮助企业开拓新的市场。

需求分析在企业经营中占据着举足轻重的地位。如果需求分析精准，后续的销售将变得简单；反之，则很难精准抓住客户。因此，了解客户真正的需求是至关重要的，否则一切都可能是徒劳无功！

只要企业围绕解决问题进行创新，并且创造出真正的价值，就一定不会缺乏市场，也不会缺乏利润。

抓住关键需求点

真正的需求往往是顺应人性的，只要抓住了人性的核心，企业也就找到了成功的钥匙。

有位年轻人开了一家奶茶店，起初为了吸引顾客，他花了很多心思做宣传，但效果并不理想，生意始终没有起色，这让他感到很困惑。一天，他向一位研究心理学的朋友请教。朋友听后，提出了一个独特的建议：让他雇一些人假扮消费者，在店外排队，并且在制作奶茶时故意放慢速度。年轻人按照朋友的建议去做，没想到结果出乎意料——顾客纷纷涌入店里，生意渐渐变好了。

这个案例告诉我们，需求不仅仅是产品的功能或价格，更多的是心理上的需求。在适当的时机运用人性的心理规律，能够引导顾客做出购买决策，甚至影响他们的消费行为。这就是抓住了顾客的"从众心理"和"稀缺心理"，商家通过这些巧妙的策略，提高了顾客的购买欲望，最终推动了生意的增长。

这个商业案例在营销市场上非常具有代表性，它的核心原理就是利用了人性弱点中的从众心理。我们的潜意识常常告诉我们："别人这样做，我也这样做，就不会错。"这种从众心理带给我们一种安全感。就像那家新开张的奶茶店，路过的人看到门前总有排队的人，便会产生好奇："这家店生意这么好，是不是奶茶特别好喝？"于是带着从众心理和好奇心，也加入了排队的人群中。随着这种反复循环，排队的人越来越多，生意也越来越红火。

当你来到一个陌生的街区，面对20多家餐厅时，是什么决定你最终选择去哪家呢？大多数人会立刻想起：“当然是看网上的评价。”

企业或公司经营必须具备互联网思维。如果没有这一思维，企业就无法吸引新客户。如今，客户越来越年轻，这些年轻人对互联网的依赖非常强，他们几乎只相信网络上的信息和用户评价。因此，如果企业不重视互联网，无法在网上建立自己的影响力，就可能面临被淘汰的风险。这也是许多大公司跟不上时代发展的原因。

市场需求虽然千变万化，但归根结底，它们都离不开人性。真正的需求创造大师，往往将所有精力投入对“人”的研究上。比如巨人集团的史玉柱，他提出：“品牌的唯一老师是消费者。”正是凭借对消费者人性的深刻洞察，他才创造了一次又一次的商业传奇。脑白金的成功并非偶然，那个广为人知的广告语“今年过节不收礼，收礼只收脑白金”，正是史玉柱通过大量市场调查，从消费者口中获得的。当时，史玉柱亲自挨家挨户走访老太太们，询问她们是否愿意吃保健品，并且是否会购买，得到的回答大多是想吃，但自己舍不得买，除非儿女送。他抓住了这一点，便将保健品包装成节日礼品来销售，并通过各大电视台反复播放“今年过节不收礼，收礼只收脑白金”，最终大获成功。

脑白金的这句广告词虽然备受争议，但从效果上看，它无疑是成功的，因为它精准地捕捉并提炼了客户的独特需求。所有的营销背后，其实都在利用“弱点营销”，每个需求的背后，都在开发人性。要想成功挖掘需求，就需要从劝说人们购买，转向站在客户的立场，理解他们的情感需求，和客户产生共鸣。

小米手机在发售后不久，巧妙地运用了人性中的稀缺心理，故意减少手机产量，从而创造了3小时内售出10万台手机的营销奇迹。

这种“饥饿营销”正是基于“得不到的才是最好的”这一人性心理，通过制造供不应求的市场假象，极大激发了消费者的购买欲望。

抽奖活动之所以经久不衰，正是利用了人性的贪婪和赌徒心理。就像买彩票，许多人都坚信自己有机会中大奖，期待能一夜暴富，因此每期都会去买彩票。人们总是抱有“万一中了呢？”的幻想，哪怕中奖的概率微乎其微。

支付宝在线支付曾经几乎垄断了整个互联网支付市场，但微信支付在短短一到两年的时间里迅速追赶上，甚至与其平分秋色。为什么微信支付能在如此短的时间内取得如此快速的成绩呢？原因其实很简单，就是人们的懒惰。想象一下，当你大部分时间都在微信社交中，突然在街边小店买东西需要支付时，你会关闭微信再打开支付宝进行扫码吗？大部分人可能会觉得麻烦，而选择继续在微信内完成支付，毕竟只需要少做一步，就能省去额外的操作。

美团做外卖业务不到十年，但它的日订单量惊人。2019 年 4 月 20 日，美团的日订单量突破 2500 万单。为何美团的订单量如此庞大？同样是源自我们的懒惰。在公司上班时，我们懒得下楼吃饭；回家后，懒得做饭和洗碗，最方便的选择就是叫外卖。等外卖到来的时间，我们可以放松、玩玩游戏或看看视频，这种便利改变了我们的生活方式。

以上这些案例说明，一切的营销其实都围绕人性弱点展开：因为贪婪，有了团购、秒杀、满赠返现、第二杯半价等需求；因为懒惰，有了外卖、上门服务等需求；因为虚荣，有了 VIP 休息室、奢侈品、等级制度等需求；因为恐惧，有了保险、保健品等需求；因为自卑，有了减肥、整形、美容等需求……

做不好生意有时候不是因为你不够努力，也不是市场没给你机会，而是你不够了解人性，不会揣摩消费者的心理。一个伟大产品的发明，从来都离不开企业对人性的深刻探索。如果你能掌握人性的弱点，学会利用人心，那么你就能够轻而易举地突破消费者的心理防线，让你的产品或服务成为客户无法拒绝的选择！

寻找动机与需求的共鸣点

需求是表象，动机是根源。企业满足客户的需求不能只停留在客户要什么就给什么的层面，要深挖客户需求背后的动机，这样才能真正解决客户的需求。

一天，有位工匠让学徒去买个钻头。学徒来到一家五金店问："您这里有 12 寸的钻头吗？"店主人摇了摇头，说只有 10 寸的。学徒失望地离开了，继续前往第二家五金店，同样问道："我想买一个 12 寸的钻头，请问您这里有吗？"这家店的主人同样摇了摇头，说只有 10 寸的。学徒再度失望地离开了，准备回去时，他看到街角有家五金店，于是不甘心地决定再碰碰运气。结果，店主还是给了他同样的答案，说没有 12 寸的钻头。学徒叹了口气，打算离开时，店主叫住了他，问道："不知道您为什么一定要买 12 寸的钻头呢？"学徒回答："哦，因为我师傅说客户家需要钻一个 12 寸的洞。"店主听完恍然大悟，说："原来是这样！其实您不必一定要买 12 寸的，10 寸的钻头同样可以用来钻 12 寸的洞，只需要深入打磨一下就可以了，而且还比 12 寸的价格便宜。"学徒听完有些疑惑，店主又说，他以前就是做工匠的，非常了解这个。学徒听从了建议，最终买了 10 寸的钻头。

这个故事告诉我们，客户的需求背后通常有更深层次的动机，了解客户真正的动机，才能为他们提供更适合的解决方案。

顾客想买的其实不是某个产品，而是他们需要运用这个产品来解决某个问题或完成某项任务。就像上面这个故事一样，顾客需要的不是钻头，而是墙上的洞，钻头是表象，打洞才是根源，这便是动机。

面对同样一件商品，每个人需求的动机都不尽相同。以健身房的健身人群为例，他们来健身的动机可能是为了减肥，也可能是为了塑形，还有可能是为了交友。因此，企业要从动机的角度去分析顾客提出的需求，只有摸清楚了需求的动机，才能“对症下药”，更容易促成交易。

没有动机就不会有需求。动机是客户产生需求的出发点，深挖出动机不仅能满足客户的需求，还能扩大客户的需求面，创造出新的需求。通过了解客户的动机，企业能够更精准地定位市场，开发出符合客户深层次需求的产品和服务。

一位老奶奶去市场买水果。来到第一家水果店，小贩问她：“老太太，您想买些什么水果？这里有苹果、香蕉、哈密瓜、李子，您需要哪种呢？”老太太说她想买些酸口的水果，于是小贩指着一堆李子说：“这堆李子特别酸。”老太太尝了一口，果然很酸，于是便买了一斤。

买完李子，老太太走到小区门口时突然觉得一斤李子有些少，便决定再多买一些。她看到路边有家水果店，于是走了进去，问老板有没有酸的李子。店老板听后，微笑着问：“您儿媳妇是不是怀孕了？”老太太点了点头，回答说：“是的，儿媳妇怀孕了，想吃酸的。”

店老板听完后说道：“您对儿媳妇真好！不过，孕妇光吃酸的水果不够，还得补充一些维生素，这样肚子里的宝宝才会更健康。我这里正好有一些新鲜的猕猴桃，富含丰富的维生素，您不妨也给儿媳妇买些。”老太太听了十分高兴，立刻从店里买了一斤酸李子和两斤猕猴桃。

市场需求并非固定或受限制的。在面对客户时，企业应该深思熟虑，如何像第二家水果店的老板一样，不仅满足客户的需求，还能引导客户，创造出新的需求。

电影《教父》里有句经典的话："花半秒钟就看透事物本质的人，和花一辈子都看不清事物本质的人，注定是截然不同的命运。"一眼看透本质的洞察力，往往能够精准把握客户的真实需求。这种洞察力并非轻松获得，而是需要通过长期的刻意练习与积累。

下面是笔者思考问题时会遵循的思维提纲，供大家在挖掘用户需求时参考：

1. 为什么用户会提出这个需求?

2. 为什么用户会遇到这些困难？（了解背景、原因及历史）

3. 与这些困难有关的人物和因素有哪些?

4. 哪些是导致这个问题的关键原因?

5. 面对这些困难，用户内心真正的诉求是什么?

6. 针对这些困难，目前的解决方案是什么?

7. 面对这些困难，有没有更好的方案?

通过多次运用这一方法，你会逐渐形成自然而然的思维模式，能够更加清楚地洞察用户的本质需求，并挖掘出更多满足这些需求的可能解决方案。这不仅对工作中遇到的问题有帮助，在日常生活中遇到复杂且让人感到困惑的问题时，也能轻松应对。

认知心理学的研究表明，很多人在分析问题时，并不是在寻找真相，而是为了给自己找一个满意的答案。只有当你不满足于第一个跳到脑海中的答案，不满足于大家普遍认同的看法时，继续追问"为什么"，你才进入了"第二层思维"。这种更深入的思考方式能帮助你更准确地识别问题的根源，提供更有效的解决方案。

客户需要的不是“钻头”，而是“洞”。作为企业，最关键的不是仅仅关注你拥有的产品，而是站在客户的角度，深入思考客户需求背后的动机，理解他们真正想要解决的问题。只有从解决客户核心动机的角度出发，提供符合需求的产品或解决方案，才能实现真正的价值。如果你仅仅提供一个产品，却忽视了客户的实际需求，一旦市场上出现能更好解决客户“洞”需求的替代品，你的“钻头”就会被无情地抛弃。

PART7

逻辑破局七:“假设”就是你的预测能力

在一定程度上，假设逻辑可以视为预测未知的能力。仅仅提出假设的论点并不足够，更为重要的是构建一条完整的逻辑链条，其中最关键的环节就是推理和验证。通过这些步骤，假设能够从抽象的概念变为有力的预测工具。

从自然科学的角度来看，假设逻辑几乎等同于预测能力，这一点已得到广泛认可。在现代经济活动中，企业作为主要参与者，也在逐步引入这种思维模式。例如，熵定律的应用已成为企业成长和衰退的核心原理之一。根据熵定律，企业的发展和衰退是一个自然的、不可避免的过程，类似于“盛极必衰”。这一理论促使企业管理者必须时刻保持警觉，努力规避潜在的衰退风险。

假设逻辑等于你的预测能力

逻辑思维有着各种各样的形式，而假设逻辑就是其中一种最能彰显浪漫与现实主义相互糅合的流派。从狭义的概念上理解，假设逻辑是一种通过合理设想寻找潜在结论的分析方式，它诞生于近2000年前的古希腊，并对萌发于中世纪的现代科学产生了深刻影响。

要论假设逻辑的作用，预测未知当属其最具特色的一类。在一定程度上，我们可以将假设逻辑等同于预测未知的能力，人类历史上能印证这一结论的例子比比皆是。可以说，近代科学尤其是天文学史就是一个假设被不断验证和证实的过程，或者说其建立在假设逻辑的基础之上。

文艺复兴时期，出现了一个具有划时代意义的学说——太阳中心说。哥白尼将地球与太阳之间的运动关系做出了有别于任何一种传统学说的设想，即太阳静止不动，地球自转的同时围绕太阳公转。他成功地解决了当时争议颇大的宇宙天体现象的争论，这一论断成为后来天文学乃至天体物理学的学说基础。

相比较之下，稍晚些时候的另一位科学巨人牛顿的故事及其科学成就更富传奇色彩了。牛顿因为一颗苹果掉落到头顶而受此启发，提出了万有引力定律的故事脍炙人口。当然，故事的背后有牛顿数年如一日的钻研与努力，也有牛顿敢于设想的勇气。无可否认，他的成就是站在巨人的肩膀上获得的，但也离不开科学家所具有的逻辑思维能力——即假设逻辑及分析方式。

一颗苹果自由落体让牛顿基于自己的学识提出设想，即苹果在坠落的过程中为何偏偏选择直直地坠落，而不是偏向别的地方。与之相似，宇宙中的行星围绕恒星运转的轨道相对固定，这前后两者之间所涉及的原理是否相同呢？这一设想就是万有引力定律诞生的契机与源头。

运用万有引力定律，牛顿还预测了地球的形状是如何偏离完美的球形这一事实，即便当时他的这一说法被另一位声称已对地球进行过实际测量的天文学家所反对。

当然，假设逻辑仅有假设的论题是不够的，还应该具有一条完整的逻辑链条，最关键的一环就是推理和验证。就拿牛顿的地球形状学说来说，要如何验证这个结论是否科学呢？18 世纪 30 年代，由法国人莫佩尔蒂率领的科学考察队前往芬兰国土内位于北极圈内的拉普兰省进行实地测量，最终确认了牛顿学说的正确性。

从上面的故事中我们可以清楚地看到，哥白尼和牛顿拥有非常优秀的假设逻辑思维能力，而不是人云亦云。并且，他们的这些假设最终都被一次次证实。从故事中我们也不难看出，他们在假设逻辑中所凸显的预测能力。

从自然学科的角度来说，假设逻辑几乎等同于预测能力似乎已经毋庸置疑，那在人文领域，假设逻辑还有存在的空间吗？其实，现代经济活动中最主要的参与者是企业，其部分成员开始引入一个叫“熵定律”的原理，即任何企业的成长和衰退都是一个必然的过程，也就是人们平常所说的盛极必衰，如何尽量规避潜在的衰退风险是对企业管理者逻辑能力的重大考验。这恰好体现了假设逻辑的重要性。

要论假设逻辑在企业发展中的作用，华为无疑是其中的佼佼者和先锋。公司每两年左右就对组织架构、工作流程及其他规范制度进行调整，通过不断打破原有的平衡，持续激发员工的工作热情，从而保持企业的长期活力。任正非的这一系列决策都建立在完整的假设基础上，通过逻辑推导，挑选出影响企业成长的关键因素进行重新布局，展现了其出色的预测未来的能力。

当然，与这些成功的企业案例相比，更多的企业因为假设逻辑不够缜密而错失良机，甚至直接崩盘。1999 年冬天，北华饮业，这家食品制造企业计划推出一款当时市场上尚未出现的冰红茶饮料。在调研过程中，他们发现 60% 的受访者表示无法接受这种凉茶，最终该企业的饮品计划被搁置。然而，一两年后，全国范围内的冰红茶却开始流行，旭日升等品牌取得了成功。此时，北华才意识到，如果他们的调研方案设计得更合理，或者能根据调研结果进行更深入的分析与假设，冰红茶的市场本可以为他们所占据。这一失败案例揭示了北华饮业管理者在预测未来上的不足。

假设逻辑的水平直接反映了预测能力的高低。当这种能力回归到个体时，我们可以这么说：拥有强大的假设逻辑思维，不仅能显著减少走弯路的概率，还能为未来打开更广阔的发展道路。

运用假设也必须从事实出发

假设逻辑作为人类逻辑思维模式中最经典的类别之一，具有独特的逻辑结构，即观察—假设—实验—评估。它是一种建立在观察基础上的逻辑方法。从这一逻辑结构中，我们可以看出，观察是假设逻辑的基础，而观察的对象就是各种各样的客观事实。总而言之，假设逻辑必须从事实出发。

日本 NHK 公司曾做过一场节目，讨论乌龟壳是如何长大的这一问题。从视觉上看，同一只成年乌龟的龟壳似乎与幼时相比发生了变化。为了找出答案，节目中的实验者首先对两张龟壳照片中的龟壳盾片数量进行了统计，结果发现盾片数量并没有变化。那么，问题是不是可以解释为龟壳随着乌龟个体的增大而变大呢？接着，实验者将幼时龟壳的照片放大进行对比，发现仍然存在问题。虽然两个不同时期的龟壳长得非常相似，但在纹理上却有所不同。

基于这一观察到的事实，实验者们提出了一个假设：纹路是导致龟壳变大的原因。为了验证这个假设，他们将成年龟壳照片中的纹理结构与龟壳进行了详细比对，最终发现这两个不同时期的龟壳纹理结构几乎完全相同，从而证实了他们的假设是正确的。

这个例子中的假设前提是对乌龟龟壳形态的客观认知。无论是在假设形成之前对龟壳盾片数量的统计，还是假设提出后的推理过程，都离不开实验者对龟壳这一客观物体的观察结果。可以看出，假设逻辑的依据是龟壳本身的客观存在与变化的事实，只有在真实的观察基础上，假设才有可能被提出并最终得到验证。

相对应地，还有一个更广为人知的假设与事实关系的例子——达尔文的生物进化论。1831—1836 年，达尔文以博物学家的身份，进行了为期 5 年的科学考察，遍及阿根廷、巴西等南美洲东西海岸、澳大利亚及南非好望角等地。在这一过程中，他观察并记录了许多处于不同进化阶段的生物或生物化石，采集了大量的标本，可以说，达尔文毕生最重要的成就正是在这长达 5 年的南半球旅行中取得的。

达尔文凭借其卓越的观察能力，发现了物种演化的若干线索。比如，在阿根廷的巴塔哥尼亚高原，他采集到了早在一万多年前灭绝的雕齿兽化石。雕齿兽素有“铁甲武士”之称，其背部有一层厚达一寸、由上千个骨板组成的背甲，这些骨板与现代生物学概念中的鳞片相似，此外，它们还有非常锐利的爪子。尽管这些形态和骨骼结构与现代犰狳相似，但两者也存在显著的差别，前者体型巨大，数倍于后者，背甲和四肢的形态也不同。

在太平洋的加拉帕戈斯群岛，达尔文发现了生活在不同岛屿上的一类雀鸟。初看这些鸟，它们的外形相似，但它们的喙的长度存在显著差异。基于这两个观察结果，达尔文进行了深思熟虑的推测。他思考了雕齿兽的灭绝路径，并对其与现代犰狳之间的形态相似性进行了分析，推测二者之间是否存在某种联系。同时，针对加拉帕戈斯群岛雀鸟喙长的不同，达尔文提出了假设：雕齿兽与现代犰狳之间可能存在亲属关系，后者极有可能是前者的后代；而加拉帕戈斯群岛雀鸟的形态差异，可能仅限于鸟喙这一局部结构，它们或许是同一种鸟类的不同进化个体。

在这一系列假设的引导下，达尔文回到英国后逐渐形成了自己的进化论学说。现代生物学的研究也证明了达尔文的这些假设是完全成立的：雕齿兽与现代犰狳之间存在直接的演变关系，而加拉帕戈斯群岛的鸟类是由始于南美大陆的同一种鸟演化而来，它们喙部形态的差异则是由不同生存环境和适应性需求形成的。

从这个例子中，我们可以得出一个显而易见的结论，即达尔文的假设源于客观事实。将这一逻辑思维模式放到任何一个影响人类社会的科学规律上都是适用的。换句话说，理论源于现实，无论是自然科学还是人文科学，皆是如此。

比如，在商业项目中，几乎可以肯定地说，商业世界里的每一个决策都一定是基于某些已知信息而做出的，这些已知的信息就是事实。当然，好的商业决策往往是根据不同执行阶段的动态事实来制定的。事实越具体，与决策政策的关联度越大，假设的实现概率就会越大，质量也会更高。

假设的议题永远都不是凭空而来的，它建立在客观观察的基础上。可以说，客观事实是任何一个科学假设大厦的根基，离开了客观事实，假设就无从谈起，最终只能沦为空想。

格局决定你的胆识

“大胆假设，小心求证”这句话我们都不陌生，它意味着我们可以充分发挥自己的想象力，突破现有的框架束缚。听起来似乎很容易，但并不是每个人都能做到。它不仅需要天马行空的想象力、敏锐的观察力，更离不开胆识与眼界。这种能力就是我们通常所说的“格局”。

格局是一种维度，代表着我们所能达到的最高标准。可以说，格局有多大，成就就有多大。拥有大格局的人，往往能够站得更高，看得更远。他们拥有远大的目标、成熟的思维和坚韧不拔的毅力。正如某些人所言：“这个世界从来没有人能给你设限，能限制你的只有你自己。”格局大的人能够冲破重重障碍，实现自己的最终目标，格局小的人则可能在追梦路上陷入消极的泥潭，或被眼前的利益所蒙蔽。

在自然科学领域，许多取得突破性成果的科学家，往往都是具有大格局的人。例如，被誉为“大陆漂移学说之父”的魏格纳。魏格纳是天文学博士，虽然从小梦想成为探险家，但出于种种原因，他未能实现这个愿望，转而成为气象学学者。

1911 年冬，从小体质就偏弱的魏格纳住进了医院，病房里除了生活必需品，只有一幅挂在高墙上的世界地图。日复一日与地图为伴的他，某天突然发现一个奇妙现象：大西洋两岸的非洲与美洲海岸弯曲的形状似乎有某种相关性，特别是喀麦隆与巴西的最突出部分，它们的走向和弯曲度几乎完全吻合。魏格纳因此提出了一个大胆的假设：大约 3 亿年前，地球上曾有一块完整的原始大陆——“泛大陆”，而外面是浩瀚的原始海洋。约 2 亿年前，泛大陆开始裂开，两侧的陆地向相反方向移动，最终形成了我们今天所看到的地球形态。

第二年，魏格纳便提出了震惊世界的大陆漂移学说，但这一假设遭遇了广泛的质疑。在此之前，地球的形态被普遍认为是固定不变的，所谓的“海陆固定学说”主导了科学界的认知。为了验证自己的假说，魏格纳大量收集了来自生物学、地质学等多个领域的证据，最终通过古生物学的证据，他初步验证了这一学说。然而，遗憾的是，直到魏格纳去世，这一学说仍未得到广泛的认同。

产生这一尴尬局面的原因是多方面的。首先，魏格纳的假设与当时社会普遍的认知存在冲突；其次，他并非地球科学领域的专家，这使得他的理论在学术界难以被接受。然而，今天我们看到，这一学说的伟大性并未因此受到影响。现代的古地磁学、宇航观测学等领域的大量专业资料都证明了魏格纳的假设是正确的。

魏格纳并没有因为自己非地球科学专家的身份而受限，反而凭借自己在气象学领域的专业知识，展现了敏锐的观察力和大胆设想的勇气，提出了一个当时许多地球科学专家都不敢设想的假说。尽管这一假说遭遇了广泛的质疑，魏格纳却始终没有改变初心，并通过反复的科研验证支持自己的理论。这种坚持与勇气，正是大格局的体现。

在现代商业领域，也有许多像魏格纳一样，具备大格局并敢于大胆假设的领导者。例如华为的创始人任正非。华为最初的战略布局专注于手机业务，这一决策源于任正非的一个具有远见卓识的假设：未来的世界将是一个万物互联的时代，而手机将是这个时代最重要的载体。如今看来，任正非这一假设极具前瞻性，为华为在手机领域赢得了至关重要的话语权。

除了运营手机的商业布局外，华为对人才的格局也是企业保持活力的重要因素。华为以爱才、惜才闻名业内，并在创业初期就不断强化这一理念。在华为创立之初，大学生是非常宝贵的资源，而任正非深刻意识到人才的重要性，始终坚持人才投入战略，很多华为的高管都是那个时代挖掘出来的。

到了2009年，加拿大百年通信企业北方电讯公司破产，爱立信收购了北方电讯的专利技术，诺基亚抢占了北方电讯的客户资源，任正非不惜用双倍薪资将北方电讯的大批科学家和工程师引入华为工作。他的做法可以用“求木之长者，必固其根本”来形容。华为对顶级人才的追求和高效利用，成为其构建全球领先竞争力的重要支柱。

在上述两个案例中，我们可以看到格局的力量。魏格纳自信且果敢的态度，使他超越了当时的时代，提出了现代地球科学领域最重要的基础理论——大陆漂移学说，其影响深远；任正非居安思危、未雨绸缪，他为企业设定了极具前瞻性的假设，并通过坚持不懈的努力，成功拯救了华为。可以说，格局决定胆识，拥有大格局的人往往能做出大胆的假设，而假设实现的可能性也随之增大。

从小心求证到变量分析

近一百年前，中国思想家胡适提出了“大胆假设、小心求证”的学术思路，其中“假设”是指通过大胆的猜测为研究提供出发点，“求证”则是指通过一系列严谨的学术方法去验证假设的有效性。证明的过程充满了变化和不确定性，而这些变化的因素就是本节所要阐述的对象——变量。因此，求证的过程实际上就是对变量进行分析的过程。

有人说，假设是通向科学的桥梁，没有大胆的猜测就没有伟大的发现，这一点是对的，但最终科学假设是否成立，仍然需要不断去验证。科学本质上就是通过假设的证实或证伪来构建认知体系。

以达尔文的物种进化论为例，我们可以进一步探讨小心求证与变量分析之间的关系。加拉帕戈斯群岛上的雀鸟，除了喙部外，体态、性状、生存环境几乎相同，但部分类别的鸟与南美大陆的同类鸟相似。根据假设，达尔文需要研究这些长着不同喙部的鸟类之间的关系，以及它们与南美大陆雀鸟的关系。

首先，达尔文通过论证发现，加拉帕戈斯群岛雀鸟与南美大陆雀鸟之间存在直接的演化关系。既然它们拥有同一个直系祖先，为何生活在群岛上的雀鸟会拥有不同的喙部形态呢？是演化过程中的集体变异，还是自然环境的选择？经过进一步观察，他发现不同岛屿上的鸟类拥有不同的生活习性。例如，长喙的雀鸟喜欢食用植物坚硬的种子，而短喙的雀鸟则通常选择昆虫作为食物。

其次，除了雀鸟，达尔文还探讨了古大陆自然地貌的成因，特别是科科斯群岛上的环状珊瑚礁。这里的珊瑚礁在全球独具特色，与达尔文之前见过的珊瑚礁有很大不同。达尔文提出的假设是，生活在这里的珊瑚虫是如何建立珊瑚礁，并抵御风浪的？为什么这些珊瑚礁呈现圆环状？为了寻找答案，达尔文进行了逐步推理和验证。他首先在活火山周围的海底发现了珊瑚虫，并注意到它们主要分布在活火山的周围。此时，他有所启发：圆环状珊瑚礁是否与火山的消失有关？经过进一步的研究，他发现，火山由于海水的侵蚀逐渐变矮、脆弱，最终消失，而原本围绕火山生活的珊瑚则继续生长，向海面延伸，最终形成了现在所看到的环状地貌。

这两个例子中，达尔文都是基于观察提出假设，并给出了验证思路和结果。不难发现，他的这些论证过程是对各种变量的逐步分析，最终得出的结论具有较强的说服力。现代科学也验证了他的这些结论的正确性。

达尔文的另一项直接促进物种进化论的实验，更能说明小心求证与变量分析之间的关系。南半球旅行结束后，达尔文带回了数百种植物标本，包括果实、种子等，其中一些在不同地方采集的标本彼此还具有相似性。基于此，达尔文提出了种子能长距离传播的假设。接下来，达尔文与他的儿子开始进行实验，验证这一假设。

首先，他们花了近两个月的时间，将近90种不同的种子放入海水中，观察种子是否能随着洋流漂流到远方，但结果出乎意料，所有种子都沉入了海底。既然种子不能实现植物的长距离传播，那么是否存在其他传播方式呢？他们转而考虑果实。

其次，他们将果实放入海水中。三个月后，较大的果实仍然能漂浮在水面上，而将其栽种在土壤中，竟然能成功长出嫩芽。基于此，达尔文基本证实了种子能长距离传播的假设，即自然界中约十分之一的植物种子能够在完全风干后，随着洋流跨越上千千米进行繁衍，如椰子等植物。

除此之外，达尔文还敏锐地观察到，果实传播可能只是植物传播的一种方式。为了探索更多的植物传播途径，他开展了一系列新的科学实验。最终，他发现，除了洋流，飞鸟、野生动物的皮毛以及风都能成为植物传播的载体。

有人说达尔文的种子实验是其物种进化论最重要和最直接的素材基础。当然，在这项实验中，我们能很明显地看到一位科学家的科学素养，其中之一就是小心求证的精神。其小心求证的过程实际上就是一个不断分析变量的过程。在种子实验中，达尔文的假设是“种子能传播”，那么，究竟能不能传播呢？种子和果实就是他的两种选择对象，也是实验中的两个变量。假设结论成立后，达尔文主动增加了一些新的变量来证明植物还有其他的传播路径，比如樱桃与鸟儿、牛蒡与野生动物、蒲公英与风等，这些都是实验中的变量因素。通过对这些变量的分析，达尔文进一步为其科学理论提供了证据。

除了达尔文，还有一位科学家的求证假设过程同样非常能够说明小心求证与变量分析之间的关系，那就是魏格纳。他提出大陆漂移学说后，随即组织科学考察队对大西洋两岸的陆地进行实地考察。首先，他们对两块大陆的地层、古生物分布形态、山系等进行了分析，发现了可能存在的相关性。其次，为了进一步增强学说的说服力，魏格纳还对南半球同一时代的冰川分布情况和流向问题进行了深入分析，最终初步印证了学说的可靠性，并形成了系统的学说理论。可以说，魏格纳验证假设的过程就是不断对变量进行分析的过程。

科学是一门追求严谨的学科，这种大胆假设、小心求证的精神可以放之四海而皆准。假设的提出离不开人们敢于突破束缚的想象力和创造力，但更不能脱离小心求证的实践精神。这实践精神背后所包含的核心原则就是永不停歇、环环相扣的变量分析法则。因此，可以总结为：小心求证即是变量分析。

考虑全面性与各自独立性

假设已经成为现代生活中不可避免的一部分，也是极为重要的一部分。在我们的生活和工作中，许多情境都涉及假设，而其中一些重要的假设不仅会影响个人的未来，也会进一步影响企业乃至整个社会的走向。那么，面对假设时，我们应当遵循哪些原则，如何操作才能获得全面的信息，避免陷入无从下手的困境呢？

这就引出了本节介绍的假设原则——MECE 原则。

MECE 原则来源于 MECE 分析法，英文全称为“Mutually Exclusive, Collectively Exhaustive”，可以直译为“相互独立，完全穷尽”。这个原则由麦肯锡的第一位女咨询顾问巴巴拉·明托提出，是一个非常重要的原则。它要求在面对重大假设事件时，不仅要有效地把握问题的核心，还需要将问题分类成几个互不重叠、完全穷尽的小问题，最终成功解决问题。使用 MECE 分析法，主要包括两个步骤：首先，明确我们面临的问题是什么；其次，寻找 MECE 的切入点，将问题进行分解并提出解决方案。

运用 MECE 分析法时需要遵循两条基本原则：

1. 各部分相互独立（Mutually Exclusive）：强调每一部分之间必须相互独立，不应出现重叠或遗漏。

2. 所有部分完全穷尽（Collectively Exhaustive）：即在分解问题时，要确保没有任何遗漏，必须保证完整性。

MECE 原则的指导意义在于帮助我们厘清思路，提升条理性和全面性，最终达到思维的最优组织。这种结构化思维的核心在于逻辑性。通过这种思维方式，我们能够对问题的思考和假设进行更完整、条理化的分析，从而指导我们预测事件的走向，并判断其结局。相反，简单、机械地拆解问题并不是结构化思维的真正体现。事实上，结构化思维并不否认事物之间固有的联系，它的核心目的是帮助我们找到问题的源头，清晰地梳理出解决问题的思路。

MECE 原则要求从解决假设事件的角度出发，自上而下地列出需要解决的核心问题及其各自的组成部分。在分解问题后，我们需要仔细检查和分析它们是否符合 MECE 的标准。首先，问题必须相互独立，这意味着每个问题的内容都应是独立的，彼此之间没有重叠，不存在既属于第一个问题又属于第二个问题的选项。其次，若达到这一标准，接下来就需要考虑所列内容是否完全穷尽。即，所有相关方面都应包含在内，确保没有遗漏，确保每一个可能的情况都被考虑和提及。

我们用一个例子来说明 MECE 原则的指导意义：假设你是一家餐饮公司的老板，正在进行年度总结，并计划在下一年提高公司的利润。你面临的核心问题是如何提高利润，员工们可能会提出不同的方法来增加公司利润，如提高菜品单价、吸引更多顾客、寻找更好的供货商以减少成本等。

这些方法代表了问题的不同组成部分，员工的提议可能不完全一致，这本身没有问题。关键是在深入分析和讨论时，我们需要确保这些问题符合 MECE 原则的要求。

在这种情况下，假如你提出了另一个问题：是否需要招聘更有手艺的厨师？必须仔细思考这个问题是否与已经提出的问题一致或相适应。因为这个问题并不是另一个独立的问题，而是“提高菜品单价”的一部分。招聘更有手艺的厨师是为了提高菜品质量，从而提高菜品单价，这意味着它与“提高菜品单价”紧密相关，而不应该和“获得更多顾客”或“减少成本”等问题并列。这种重叠会导致思路含糊不清，从而增加解决问题时的困惑。

为了避免这种混淆，必须确保每个问题都是独立的、清晰的。这样做的目的是使得每个问题都能独立分析，并且确保它们的逻辑顺序是合理的。

一旦确保所有提出的问题都是独立的、清晰的，接下来就需要重新检查，确保所有相关的事项或问题都已经被提及和考虑。继续使用上述例子，提高菜品单价、获得更多顾客和减少成本这三项是否已经涵盖了提高公司利润的所有可能组成部分，这是需要进一步思考的问题。

在重新审视这些问题时，如果你想到其他问题，比如更好的宣传手段、减少菜品损耗、加强菜品研发等，那么你就需要思考这些问题是否可以归入之前提出的三个问题中。例如，宣传手段可能与“获得更多顾客”相关，减少菜品损耗可能与“减少成本”相关，而菜品研发可能会涉及“提高菜品单价”或“获得更多顾客”。

如果这些新提出的问题能够合理归入已有的三大类问题中，那么就表明你的分析已经较为全面。如果有任何问题无法归入现有的分类中，那就意味着你可能遗漏了某个关键的方面，这时需要重新审视和补充。通过这种方式，你能够确保你的假设和分析是全面的，并没有遗漏任何可能影响结果的因素。

MECE 的思维准则贯穿于我们分析事实、创建假设，以及证明或证伪假设的每一个步骤。它不仅适用于企业经营和管理，也在个人生活和工作中有着广泛的应用。

例如，当我们踏上新的工作岗位，如何快速适应并理解自己的工作内容呢？首先，应该明确主要问题，即“我的新工作内容是什么”。其次，可以将其分解为并列的子问题，比如：“我向谁负责，谁是我的直接领导？”“我的工作分为哪些部分，各部分需要注意哪些要点？”“谁向我负责，哪些工作是同事负责的？”等等。通过这种方式进行分解后，按照 MECE 原则再次检查，确保每个问题都被有效覆盖，这样你就能迅速进入工作状态，清楚自己的职责，不至于无从下手。

当然，这样的总结并非一成不变。假设本身只是一个起点，必须遵循 MECE 原则并适应现实环境的变化。

新冠疫情给餐饮行业带来了巨大的冲击，许多餐饮企业在突如其来的变化中遭遇前所未有的打击，甚至纷纷倒闭。许多基于年初的假设变得毫无价值。在生活和工作中，我们常常会对现实环境及事件的走向做出一定的假设和预期。然而，一旦环境发生变化，我们就必须及时调整这些假设，重新定义并解决核心问题。

例如，在适应新工作的过程中，如果出于种种原因我们决定更换工作，那么我们的主要问题就变成了“如何找到一份新的工作”。这时候，虽然我们无法预见未来的每一个变化，但我们必须学会适应这些变化，及时调整自己的假设，并采取相应的行动。环境和事件有其内在的发展规律，我们唯一能做的，就是适应它、面对它，并且不成为假设的奴隶，而是掌握自己的命运，成为自己的主人。

在现实生活中，各种假设帮助我们更好地面对充满变化的世界。坚持 MECE 原则不仅能让我们更清晰地理解和运用假设，还能确保这些假设与实际环境紧密结合，从而使我们成为命运的操盘手，精准地把握自己前行的方向。

认识逻辑链在假设中的作用

因果循环的概念指的是"原因和结果之间存在不断的相互作用，永不停歇"。原因会导致结果，而结果又会成为新的原因，推动新的因果关系形成。在不同情况下，原因和结果之间的关系可以有多种表现形式。了解因果循环，并在思维中建立清晰的逻辑链条，是我们在假设和推理中取得成功的关键。

在假设事件中，逻辑链表现为因果循环的结构。在我们预判和推理事件时，通常会说"因为A，所以B"，这就是因果关系的基本形式。比如，"因为今天是星期一，所以我今天要上班"，这句话包含了三个要素："因"（今天是星期一），"果"（我要上班），以及"因果的有向关联"（今天是星期一导致我要上班）。如果我们将多个因果关系连接起来，把前一对因果的结果作为后一对因果的原因，那么就会形成一个完整的逻辑链。例如，"因为我要上班，所以我今天要早起"，这样就形成了一个因果链条。

逻辑链的概念在日常生活中无处不在，最具代表性的一个例子就是生物学中的"食物链"。相信学过高中生物的人都知道，食物链是一个简化的因果关系过程，比如"羊吃草，狼吃羊，狼死了被微生物分解，草利用微生物分解后的产物"。在这个过程中，还可以添加更多的因素，例如"兔子吃草，狼吃兔子，人吃兔子，人打狼"等，这些环节形成了一个庞大且紧密的网状结构，生动地体现了因果和逻辑在自然界中的运作。这告诉我们，任何生物都是生态系统的一部分，而每一个“因”都将在不同的因果关系链条中引发相应的“果”。

因此，我们要学会利用逻辑链在假设事件中达到目标。

通过建立一个逻辑链，我们可以有效地实现假设事件中的目标。举个例子，当我们想要达成“提高公司利润”这个目标时，与之形成因果关系的原因包括提高商品单价、获得更多顾客和减少成本等。提高商品单价的原因可能包括改进生产技术使产品更精美、设计更好的包装、进行限量销售等。类似地，获得更多顾客和减少成本也可以推导出多个相关的原因。

一个逻辑链一旦成立，就需要进一步修饰和调整，以便形成我们需要的最优逻辑链。然而，一个逻辑链可以被无限分解为无数的因果关系，但这并没有太大的实际意义。每对因果关系都可以细分成更复杂的逻辑链，但过度细化可能导致无止境的循环，使得解决问题的效率降低。细化逻辑链的某个环节只是为了帮助我们更好地把握逻辑关系，认清因果联系，从而达成共识。如果我们已经达成了这个共识并能够应用于实践，过度细化就会变成不必要的工作，浪费时间和精力。

此外，很多逻辑链是可以优化的。如果我们发现一个逻辑链中去除某些与目标无关的逻辑因素后，逻辑链仍然成立且不出现断裂，那么我们就成功简化了这个逻辑链，称之为原逻辑链的“更简逻辑链”。如果我们无法进一步简化某个逻辑链，那么它便被视为“最简逻辑链”。在实际操作中，我们可能会发现针对一个特定目标，存在不止一个最简逻辑链。

无论是优化还是细化，都是对达成某一特定目标的逻辑链的进一步修饰，目标是在应用它时能为我们提供更精确的指导。假设目标始终是最重要的，实践是实现目标的唯一手段，而建立一个优秀的逻辑链对实践的指导意义不可忽视，这也是我们应该追求的目标。

同样，有时我们会通过打破逻辑链的方式来达成目标。打破逻辑链的做法，就是将逻辑链中的任何一环变得不成立，或直接制造逻辑链的自相矛盾。现实生活中，有些目标可能会有两种互相排斥的表达方式，比如"不能污染某条河"的目标与"污染某条河"的目标是无法同时实现的。如果我们不希望达成某个不良目标，例如"污染某条河"的目标，那么我们就需要打破"污染某条河"这一逻辑链。

这就涉及另一个重要的问题，即如何识别"污染某条河"这一逻辑链中的关键因果关系。在"企业产生污染物→污染物排放到环境中→下雨或其他原因导致污染物进入河流→河流被污染"这一逻辑链中，虽然"下雨或其他原因导致污染物进入河流"是其中的一环，但我们无法改变天气或者不可控的因素，因此我们不能通过打破这一环来阻止污染。相反，我们可以通过改变"企业产生污染物"这一环节，从源头上打破这个逻辑链。正因为"企业产生污染物"是导致"污染某条河"这一逻辑链的关键原因，所以在打破这个链条时，首先要关注这一环节。

必须讨论的是，团队在讨论逻辑链时，首先需要就某个"因果有向关联"达成一致的底线。例如，有人认为"因为我饿了，所以我要吃饭"，另一个人则认为"饿了就应该继续饿，过几小时自然就饱了"。在这种情况下，如果双方没有就"因果有向关联"达成共识，那么讨论就失去了意义。如果团队在逻辑链甚至因果关系上无法达成一致，团队就无法依赖逻辑链来讨论和解决问题。这时候，讨论的基础就不存在了，可能需要通过其他方式进行交流，比如直接的冲突或肢体语言，进而失去讨论的严谨性和科学性。为了解决这种情况，需要更多的沟通和证据支持，帮助团队成员达成共识，但这样往往会浪费更多的时间和精力，导致团队效率下降，长远来看可能会对团队和个人的成长产生负面影响。

因此，逻辑链不仅在假设事件中有着重要作用，在现实生活中同样也有广泛的应用和巨大影响力。我们需要学会通过识别因果关系、构建清晰的逻辑链，来提高达成假设目标的可能性。这对于个人生活、企业经营，乃至社会发展中的各类目标和决策，都具有深远的影响。